Pl
I0001532

CAMILLE FLAMMARION

QU'EST-CE QUE
LE CIEL?

7681

PARIS

ERNEST FLAMMARION, ÉDITEUR

26, rue Racine, 26.

QU'EST-CE QUE LE CIEL?

8° Ỹ² 409 1 (301.302)

CAMILLE FLAMMARION

QU'EST-CE QUE LE CIEL?

Ouvrage illustré de 64 gravures.

DÉPOT LÉGAL
Seine
N° 2927
1896

PARIS

LIBRAIRIE MARPON ET FLAMMARION

E. FLAMMARION, SUCC°

26, RUE RACINE, 26

1892

QU'EST-CE QUE LE CIEL?

I

LE CIEL

Qu'est-ce que le Ciel?

Le Ciel? pourrions-nous répondre avant d'aller plus loin, le Ciel, c'est TOUT.

Oui, le Ciel, c'est tout ce qui existe, c'est l'espace immense qui renferme tout, c'est l'armée des étoiles, dont chacune est un soleil, c'est le système du monde, c'est Jupiter, Saturne, Mars, c'est l'étoile du Berger qui rayonne dans le crépuscule, c'est la Lune qui verse sa silencieuse lumière, c'est le Soleil qui illumine, échauffe, électrise et féconde les planètes, c'est la Terre elle-même, la Terre où nous sommes, car la Terre est une planète du système du monde, un astre du Ciel, elle aussi.

1

Donc le Ciel, c'est la création entière.

Nous occuper un instant du Ciel, c'est nous occuper de la réalité absolue, de la Terre, du Soleil, des saisons, des climats, du calendrier, des jours et des nuits, des mois et des années, du présent, du passé et de l'avenir, car pour l'Astronomie le temps n'existe pas : elle s'étend sur l'avenir aussi bien que sur le passé, elle tient dans ses mains le commencement et la fin du monde, elle est la science de l'Infini et de l'éternité.

Oh! nous n'allons pas pour cela nous perdre dans les profondeurs insondables de l'immensité, et nous n'avons pas la prétention d'exposer ici en un cours complet les innombrables découvertes qui, depuis des milliers d'années, ont fait de l'Astronomie la première, la plus vaste et la plus positive de toutes les sciences, — en même temps qu'elle est la plus séduisante, la plus vivante et la plus pratique. Cent volumes, comme celui-ci, ne suffiraient pas pour écrire l'histoire descriptive de l'Astronomie tout entière. Non. Notre ambition est plus modeste. Nous voulons seulement résumer, en une lecture facile, affranchie des mathématiques, accessible à toutes les intelligences curieuses de s'instruire, l'ensemble des découvertes, et en composer un petit livre qui sera en quelque sorte et tout simplement le roman du Ciel.

L'ÉTOILE DU BERGER

Seulement, à l'inverse des romans ordinaires, celui-ci sera tout à fait moral, instructif et élevé. *Sursum corda!* Il nous montrera l'ascension de l'esprit humain s'élevant jusqu'aux hauteurs les plus sublimes que l'humanité ait jamais atteintes. Nous n'y rencontrerons ni drames, ni débauches, ni orgies, ni corruptions, ni infamies politiques, ni perfidies d'amour, ni enlèvements scandaleux, ni vengeances, ni duels, ni crimes, ni assassinats, ni échafauds; ni même d'armées, de canons, de fusils, d'obus, de champs de batailles couverts de blessés et de morts. Là, tout est calme, harmonieux, tranquille, tout se meut suivant des lois grandioses, tout marche dans la lumière, régi par l'universelle attraction. Rien de vil, rien de bas, rien de vulgaire. Au lieu de nous plonger dans la fange, le roman du Ciel nous transporte dans l'atmosphère pure des saines régions, sur les cimes élevées et lumineuses d'où l'on contemple des panoramas immenses. Et c'est là la vraie réalité. Lorsque je veux connaître un édifice, le Parthénon d'Athènes, le Colysée ou Saint-Pierre de Rome, Notre-Dame de Paris, le Louvre, le Parlement de Londres ou le palais des Doges de Venise, je me place de manière à en contempler l'ensemble, éclairé par une bonne lumière, et ce n'est pas en en visitant les égouts que je m'imaginerais avoir compris la grandeur et la beauté de l'édifice.

Tel est le but de l'Astronomie et de cet opuscule : nous faire connaître l'univers dans sa grandeur et dans sa beauté.

Ce petit livre sera tout à fait populaire, écrit pour les enfants et pour les dames. Un astronome justement célèbre, auquel on doit le premier grand catalogue d'étoiles qui ait été construit et le premier grand traité d'astronomie pratique, l'astronome français Lalande, n'a pas cru descendre de son piédestal en se faisant comprendre de tout le monde et en écrivant entr'autres un charmant opuscule, encore plus petit que celui-ci, et ayant pour titre : *Astronomie des dames* (1784). Fontenelle l'avait précédé, comme Arago l'a suivi, l'un et l'autre secrétaires perpétuels de l'Académie des sciences. Parlant de Fontenelle et du public pour lequel son livre fut écrit, Lalande ajoute : « Il aurait pu se faire qu'en cherchant un milieu où l'astronomie convînt à tout le monde, on en eût trouvé un où elle ne convînt à personne. Pour nous, nous oublierons totalement les savants pour ne nous occuper que des dames. » Ce sera aussi le plan de ce petit livre : nous ne l'écrirons point pour les savants.

Par quel astre commencerons-nous cette description générale du Ciel?

Par celui que nous habitons.

Et la raison en est excellente. C'est qu'en définitive, il nous intéresse encore plus que tous les autres. Et puis, c'est d'ici que nous voyons tout l'univers. Nous commencerons donc la description de l'univers par l'endroit que nous habitons. Mais auparavant, rendons-nous compte de l'importance et de la grandeur de la science astronomique.

II

L'ASTRONOMIE

L'Astronomie est *la science de l'univers.*

L'univers se compose de tout ce qui existe. La Terre que nous habitons, le Soleil, la Lune, les planètes, les étoiles, les comètes, en un mot, toutes les choses existantes constituent l'univers et font l'objet de l'astronomie. Autrefois, lorsqu'on ignorait la réalité, et que sur l'illusion vulgaire des sens, on croyait que la Terre était fixe au centre du monde, base et but de la création tout entière, l'astronomie pouvait être considérée comme une science ne s'occupant que des choses d'en haut et à peu près inutile à ceux qui veulent se borner au tangible et au positif. Mais aujourd'hui qu'il est démontré que la Terre n'est pas fixe au centre et qu'elle est, au contraire, un astre, comme la Lune, tournant autour du Soleil, voguant dans l'espace, isolé dans le vide, sans appui ni soutien d'aucune sorte; aujourd'hui qu'il est démontré que ce globe autour duquel nous marchons est simplement la troisième planète du système solaire, dans l'ordre des distances au Soleil, que les autres planètes sont des terres comme la nôtre, et que notre monde n'est, en un mot, qu'un des astres innombrables qui peuplent l'immensité; l'astronomie est devenue aussi la science de la Terre et la base même de toutes les sciences qui s'occupent de la Terre et de l'humanité.

En effet, elle seule peut nous apprendre où nous sommes, nous dire sur quoi nous marchons, nous montrer comment cette boule tournante se soutient dans l'espace, par quelles combinaisons nous avons des années, des saisons, des jours et des nuits, en un mot nous faire connaître la vraie place que nous occupons dans la nature; c'est sur elle que la navigation est fondée; c'est elle qui nous a fait connaître la véritable forme du globe terrestre, la géographie; c'est grâce à elle que tous les peuples de la Terre sont aujourd'hui en communication les uns avec les autres, échangeant leurs produits et leurs idées, et marchant ensemble à la conquête du progrès; elle nous instruit à la fois sur la Terre et sur le Ciel; sans elle nous vivrions comme des aveugles, comme des animaux, comme des plantes, sans nous donner la peine (ou pour mieux dire le plaisir) de nous rendre compte de notre position et de voir exactement ce que nous sommes.

Voilà la vérité toute franche. Conçoit-on qu'à l'heure présente il y ait encore au moins 99 personnes sur 100 qui se passent de cette science et demeurent dans cette indifférence toute végétale, vivant leur vie entière sans penser même un seul instant à se demander où elles sont? Conçoit-on qu'une notion positive qui devrait être la base primordiale de toute instruction sérieuse soit encore aujourd'hui absolument négligée par la plupart des hommes qui se font les éducateurs de la jeunesse, et qu'au lieu des éléments de la science de l'univers, qui pourraient être enseignés aux enfants dès l'âge le plus tendre pour diriger immédiatement leurs jeunes intelligences dans la rectitude et dans la réalité, on farcisse leur imagination et on emplisse leurs têtes d'histoires inutiles et d'erreurs funestes dont ils auront plus tard la plus grande peine à se débarrasser lorsqu'ils arriveront eux-mêmes à l'âge où l'on raisonne? Il est assurément difficile, sinon d'expliquer, du moins de justifier un pareil état de choses.

Cependant ce ne serait pas une tâche bien lourde, et ce serait au contraire une œuvre agréable et utile, que de donner à la jeunesse, dès le commencement de son éducation, ces notions si importantes. Mais il faut avant tout que ceux auxquels l'éducation de la jeunesse est confiée soient bien convaincus eux-mêmes de l'intérêt qui s'attache à l'étude, même élémentaire, de l'astronomie, et de l'utilité de cette connaissance pour l'ensemble des raisonnements qui doivent nous diriger dans la vie ; car c'est par l'intérêt et par le charme de leur enseignement qu'ils feront passer leurs convictions dans l'âme des enfants qui leur sont confiés, et c'est en les amusant qu'on les instruira le mieux. Le mot « amusant » n'est pas déplacé ici ; en vérité, rien n'est aussi amusant que l'astronomie descriptive élémentaire, quoique rien, peut-être, ne soit aussi ardu et aussi sérieux que la pratique de cette science.

Quoi de plus intéressant, par exemple, pour le jeune père de famille, pour la jeune mère, ou pour l'instituteur, que de montrer à l'enfant les plus brillantes étoiles du ciel, par une belle soirée d'été, ou même d'hiver ; de lui apprendre à reconnaître immédiatement les sept étoiles célèbres du Chariot, à trouver l'étoile polaire à l'aide d'un simple alignement, et à s'orienter exactement, de telle sorte que plus tard, en route par une nuit obscure, il sache toujours le faire sans peine ? Quoi de plus facile que d'apprendre par cœur les noms des vingt plus brillantes étoiles et ceux des constellations, de

reconnaître le zodiaque et de trouver dans le ciel le
chemin que le Soleil paraît décrire par suite du mouvement annuel de la Terre autour de lui? Quoi de plus
simple que de voir les étoiles se lever à l'orient, arriver à leur point de culmination, qui représente le
sud et le méridien de chaque lieu, à les voir descendre
à l'occident, et de réfléchir au mouvement diurne de
la Terre auquel toutes ces apparences sont dues?
Quoi de plus intéressant que de chercher les planètes se mouvant le long du zodiaque, et, à l'aide
d'une petite lunette, de voir les satellites de Jupiter, l'anneau de Saturne, les phases de Vénus?
N'est-ce pas une heure agréablement passée que
celle que l'on consacre à examiner à l'aide d'un télescope, même de faible puissance, les échancrures
étranges produites sur le bord de la Lune par la lumière solaire à l'époque du premier quartier, bro-
deries charmantes qui paraissent alors suspendues
dans l'azur céleste comme de l'argent fluide, irrégularités lumineuses dont on ne tarde pas à reconnaître la forme et la cause, et qui nous transportent
sur les terrains si bouleversés de ce monde voisin?
On aperçoit de profonds cratères blancs remplis
d'ombre, d'immenses cirques aux talus démantelés,
et de vastes plaines obliquement éclairées par l'astre du jour, offrant l'aspect de nappes de velours
gris : peu à peu la lumière s'élève, et l'on assiste au

lever du soleil sur ces Alpes lointaines, à son éléva-
tion d'heure en heure et à l'éclairement successif
des divers méridiens lunaires. A défaut de télescope, l'observation de la lumière cendrée dans l'intérieur du croissant lunaire les premiers jours de la
lunaison, se fait à l'œil nu, et peut servir d'utile su-
jet de réflexion si l'on veut s'expliquer la cause de
cette clarté secondaire, chercher comment elle est
produite par la lumière que notre Terre reçoit du
Soleil et réfléchit dans l'espace, trouver quelles sont
les contrées de la Terre qui sont alors tournées vers
la lune et lui envoient le « clair-de-terre. » Une
éclipse de soleil ou de lune ne devrait jamais se
passer sans qu'on en profitât pour se rendre compte
du mouvement de la Lune autour de la Terre et du
cône d'ombre qui accompagne tout globe éclairé.
C'est ainsi que pour celui qui veut s'instruire, toute
chose est un objet de curiosité et d'explication, surtout chez l'enfant, dont les impressions sont nouvelles, fraîches, et fixent dans le cerveau des traces
ineffaçables.

Le mouvement de la Terre, l'inclinaison de son
axe, la cause productrice des saisons, la variation
de durée du jour et de la nuit, le changement de
hauteur du soleil, peuvent être le plus facilement
expliqués sur un globe terrestre incliné comme il
doit l'être, et un tel mode d'enseignement direct

par les yeux a de plus l'avantage d'affranchir immé-
tement l'esprit de l'erreur des sens et de l'illusion
vulgaire qui nous fait naître et grandir dans la
conviction de l'immobilité de la Terre au bas du
monde, car il montre l'isolement du globe terrestre
dans l'espace, sa situation relativement au Soleil,
et la manière dont il tourne pour présenter successivement tous ses méridiens à l'astre radieux et
produire la succession des jours, des nuits, des saisons et des années. Quelques tableaux clairs et précis, et de simples expériences bien comprises, peuvent être plus utiles au progrès de l'élève que de
longues leçons souvent fastidieuses. Et parmi les
lectures à faire à haute voix, est-il un meilleur
choix que celui des ouvrages sur la nature, surtout
sur l'ordre et la grandeur de l'univers, sur la beauté
du ciel, sur l'organisation des mondes, vastes et
nobles sujets qui élèvent l'âme en même temps qu'ils
agrandissent l'esprit !

L'astronomie est la première des sciences. Elle
est la première par l'importance de son enseignement, qui devrait être la base de toute science et
de toute philosophie ; la première par la grandeur
et la dignité de son objet, qui embrasse l'univers
tout entier ; la première par son antiquité séculaire, car son origine se confond avec celle de
l'histoire, avec celle de l'humanité elle-même.

Avant même d'avoir inventé l'écriture et commencé l'histoire, les hommes observaient déjà le ciel; cherchaient à y surprendre les causes des événements, des saisons, des variations de la nature terrestre; jetaient les bases d'une mesure élémentaire du temps, d'un calendrier primordial; s'ingéniaient à fixer par le retour des phénomènes célestes, les dates des travaux, des fêtes, des actes principaux de la vie; suivaient le cours du soleil, de la lune, des étoiles, qui leur représentaient les manifestations visibles de la cause invisible qui meut le monde; remarquaient les planètes brillantes qui se déplacent dans l'armée des fixes; saluaient, dans leurs mouvements et dans leurs coïncidences avec les faits de la nature terrestre, les actes mystérieux de chefs célestes, de divinités secondaires mettant en œuvre les lois du Destin; établissaient inconsciemment les premiers jalons de l'origine de tous les cultes; commençaient la religion en même temps que la science; cherchaient des points de repère parmi les étoiles pour se guider dans la navigation et dans les voyages d'émigration à travers les déserts; enfin traçaient les premières cartes célestes, formaient les constellations et y inscrivaient comme sur des tablettes impérissables les faits qu'ils voulaient graver dans leur mémoire et conserver aux siècles futurs.

C'est sous le beau ciel de l'Orient que cette science sublime a pris naissance, pour se répandre de là en Chine, en Chaldée, en Phénicie, en Égypte, en Grèce, en Italie et dans toutes les parties du monde successivement conquises par l'esprit humain. Les premiers astronomes ont été les pasteurs de l'Himalaya, faisant paître leurs troupeaux au milieu de ces plaines élevées de l'Asie centrale couronnées d'un ciel admirable, au sein de ces nuits limpides et silencieuses où l'âme du pâtre aussi bien que celle du philosophe se sent transportée d'admiration. La multitude des étoiles, leur cours uniforme et majestueux, l'éclat splendide des plus brillantes, la douce blancheur de la voie lactée, l'étoile filante qui semble se détacher des cieux, le profond silence de la nature recueillie, puis l'orient qui pâlit, l'aurore qui s'annonce. Vénus, l'étoile du berger, qui reste la dernière, et la symphonie grandiose du lever du soleil qui éclate dans sa gloire et dans sa splendeur : tous ces aspects formaient un enchaînement de tableaux, une succession de scènes dignes d'entourer le berceau de la plus belle et de la plus vaste des sciences.

Il est impossible de fixer, même approximativement, la date des titres de noblesse de l'astronomie : leur antiquité se dénombrerait par milliers

d'années, et l'on aurait presque autant de fonde-
ment à attribuer quinze ou vingt mille ans aux
observations astronomiques dont il reste des vestiges dans les livres sacrés des Védas de l'Inde, sur
les briques de la Chaldée, sur les monuments de
pierre de l'Égypte, qu'à leur supposer seulement
six ou dix mille ans. Anciennement, on n'écrivait
pas, et les faits historiques ne se transmettaient que
par la tradition, souvent sous la forme de chants
populaires analogues aux rapsodies conservées sous
les noms d'Hésiode et d'Homère. L'une des plus
anciennes reliques de l'astronomie primitive qui
nous reste encore intacte aujourd'hui, est la dénomination des sept jours de la semaine par les noms
des sept astres principaux des anciens : le Soleil,
la Lune, Mars, Mercure, Jupiter, Vénus et Saturne [1], consécration qui était déjà en usage en
Babylonie il y a quatre ou cinq mille ans, car les

[1] En traçant (fig. 2) une étoile à sept sommets, sur chacun
desquels on inscrit les sept astres connus des anciens, dans
l'ordre de la durée de leurs mouvements et de leurs distances
alors adoptées : la Lune, Mercure, Vénus, le Soleil, Mars, Jupiter et Saturne, on construit la roue astrologique des anciens.
Or, il se trouve que les cordes menées à travers le cercle marquent les jours de la semaine dans leur ordre : *Lunæ Dies* —
Martis Dies — *Mercuri Dies* — *Jovis Dies* — *Saturni Dies*
— et *Solis Dies*, devenu depuis le christianisme le jour du
Seigneur, *Dies dominica*.

fouilles faites à Ninive dans les ruines du palais de
Sardanapale ont mis au jour des tablettes écrites
en langue accadienne (antérieure aux Babyloniens)
conservant ces dénominations, ainsi que certaines
observations astronomiques faites dès cette loin-

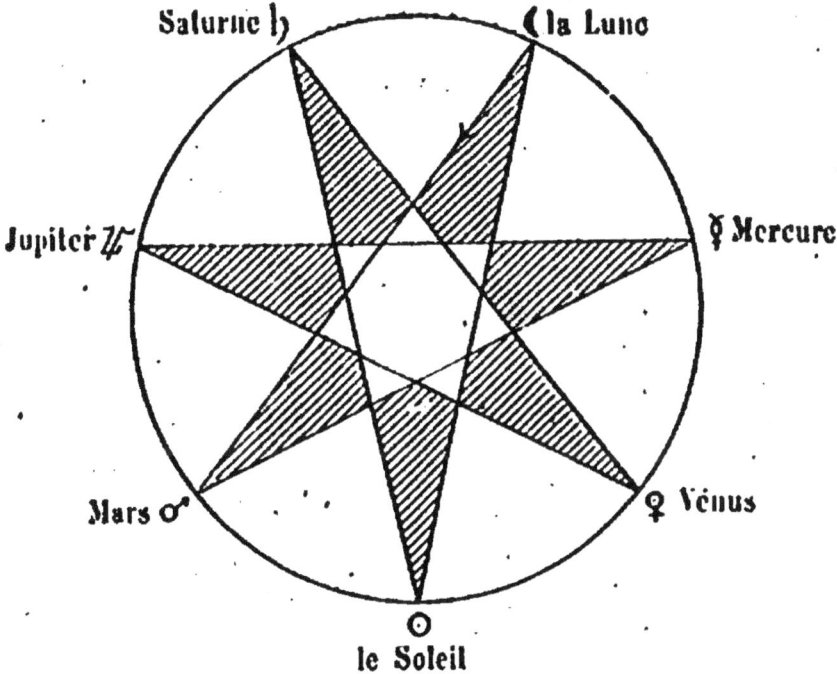

Fig. 2. — Origine astronomique des jours de la semaine.

taine époque. Alors déjà, il y avait des observatoires nationaux officiels, des cours d'astronomie
et des bibliothèques publiques — tout à fait comme
aujourd'hui. Il en était de même en Chine à la
même époque. Les annales du Céleste-Empire nous
représentent le législateur Fou-Hi établissant

l'enseignement de l'astronomie sur la plus large base, 2 850 ans avant notre ère, et l'empereur Hoang-Ti fondant son magnifique observatoire en 2608, régularisant le calendrier et observant l'étoile polaire, qui était alors l'étoile alpha de la constellation du Dragon ; nous avons aussi l'observation d'une éclipse totale de Soleil arrivée, en Chine également, l'an 2169 avant notre ère, sans qu'elle eût été prédite, et qui coûta la vie au directeur de l'observatoire, parce que l'astrologie était alors intimement liée à la politique. Il y avait donc déjà dès cette époque des bureaux de calculs prédisant les phénomènes célestes, et ces phénomènes avaient déjà été observés depuis un assez grand nombre de siècles pour qu'on connût au moins approximativement les lois de leurs retours et de leurs périodicités. Tout cela nous reporte au delà de cinq mille ans au minimum.

L'étoile alors polaire, alpha du Dragon, paraît aussi avoir joué un rôle dans la construction des pyramides, car sur les neuf pyramides d'Égypte, six ont des galeries droites ouvertes au nord et creusées en descendant dans l'intérieur suivant une inclinaison variant de 26° à 28°, dans le plan méridien, de telle sorte qu'un observateur placé au fond de ces galeries devait voir précisément l'étoile polaire à son passage inférieur au méridien ; la grande pyramide a été construite il y a juste quarante siècles, l'an 2113 avant notre ère. Nous possédons des observations d'éclipses faites en Égypte depuis l'an 2720 avant notre ère, et des observations de l'étoile alpha de l'Hydre datant de l'an 2306.

D'autre part, le zodiaque paraît avoir été fixé à l'époque où l'équinoxe du printemps arrivait dans les derniers degrés de la constellation du Taureau, vers l'étoile Aldébaran, car le Taureau est indiqué dans tous les anciens chants astrognostiques comme « ouvrant l'année avec ses cornes d'or, » et il ne reste pas de traces d'une association des Gémeaux à l'œuvre du Soleil. Or, l'équinoxe n'a pu répondre aux derniers degrés du Taureau, en vertu de la précession des équinoxes, que vers l'an 4000 à 4500 avant notre ère, et cette date coïncide avec la forme et la position des anciens zodiaques. La formation primitive de la sphère céleste, sans noms, par simples alignements, la reconnaissance de la route de la lune, du soleil et des planètes à travers le ciel et le premier dessin du zodiaque ont été certainement de beaucoup antérieurs aux observations précises des retours planétaires, aux dénominations des astres, et aux calculs des éclipses, qui datent déjà de plus de cinq mille ans. La fondation de notre zodiaque actuel 6000 ans avant l'époque actuelle nous indique donc en quelque sorte la date la plus modeste que

nous puissions décerner à l'antiquité de la science
dont nous allons essayer d'esquisser ici la grandeur
et l'importance.

Longtemps après, il y a trois mille ans environ,
les Phéniciens, alors à l'apogée de leur puissance,
avaient organisé l'astronomie, ou pour mieux dire
l'astrologie, en un véritable culte. Héliopolis était
dès la plus haute antiquité, célèbre par le culte du
Soleil, qui lui avait donné son nom. L'Hercule de
Tyr en était le symbole. Le culte de la Lune en était
inséparable, et les nouvelles lunes (néomémies)
étaient l'occasion de fêtes solennelles. Vénus, Mercure, Mars, Jupiter et Saturne étaient autant de divinités adorées. Les Phéniciens se guidaient en mer
d'après la petite Ourse, qu'ils appelaient *Cynosure*
(queue du chien), tandis que la grande Ourse, nommée *Hélice* par les Grecs, servait de guide à ceux-ci.

Les Hébreux ont signalé dans leur Bible : la
grande Ourse, *Asch* (tournant); les Pléiades, *Kimah*
(désir [du printemps qu'elles annonçaient il y a
3500 ans]); Orion, *Kesil* (la constellation [par excel-
lence]); le Dragon *Nakhasch*, dont l'étoile la plus
brillante marquait le pôle nord; et les demeures du
Soleil dans le zodiaque, les *Masarotts*. Les Hébreux
avaient tiré leur science élémentaire des Égyptiens.
Ceux-ci plaçaient l'établissement de leur astrono-

mie entre les mains d'Hermès qu'ils faisaient vivre vers l'an 3400 avant notre ère. C'est vers l'an 2887 que leur réforme du calendrier, par 5 jours supplémentaires ajoutés aux 360 a été faite, et c'est plusieurs siècles après que l'observation de *Sirius*, la plus brillante étoile du ciel, à laquelle nous avons conservé son nom égyptien, leur montra que l'année n'est pas exactement de 365 jours, mais de 365 jours un quart, les inondations du Nil, soigneusement notées, avançant insensiblement sur le lever héliaque de cette étoile et cessant de pouvoir être prédites par elle.

Les anciennes observations astronomiques paraissent avoir été écrites sur des briques que l'on cuisait ensuite pour les conserver. Sénèque en parle (Questions naturelles, IV, 3), et on en a retrouvé récemment. Malheureusement, les révolutions des empires, les guerres et les émigrations jetèrent des troubles et souvent de longues lacunes dans l'étude pacifique des sciences, et l'histoire a eu trop souvent la douleur de constater des destructions complètes de monuments, de livres, de bibliothèques, ordonnées par de barbares soldats. Ainsi lorsque Ptolémée écrivit son *Astronomie*, au commencement de notre ère, il ne trouva d'observations conservées que celles des Chaldéens postérieures à l'établissement de l'ère de Nabonassar, qui commence le 26 fé-

vrier de l'an 747 avant l'ère actuelle. La plus ancienne observation dont il se serve est une éclipse
de lune arrivée la 26ᵉ année de cette ère, le 19 mars
721 avant J.-C. On avait inventé dès cette époque
le calcul du Saros, période de 18 ans et 11 jours,
après laquelle les éclipses de soleil et de lune re-
viennent dans le même ordre.

La première école scientifique grecque a été fondée par Thalès, né à Milet vers l'an 640 avant notre
ère. Les divisions actuelles de la sphère en cinq
zones étaient déjà enseignées dans cette école. Héro-
dote rapporte que les éclipses y étaient observées et
calculées, et que Thalès avait notamment prédit
celle du 30 septembre 610, qui arriva juste au moment d'une bataille entre les Mèdes et les Perses,
et eut l'avantage d'arrêter la guerre par la frayeur
qu'elle occasionna aux deux armées. — Pythagore
paraît avoir été disciple de Thalès.

La fameuse école d'Alexandrie a fourni à l'astronomie une précieuse série d'observations, depuis
celles d'Aristillus et de Tymocharis en l'an 295
avant notre ère, jusqu'à celles d'Hipparque qui, en
l'an 130 avant notre ère, publia le premier catalogue
d'étoiles qui nous ait été conservé et fonda l'astronomie mathématique, et jusqu'aux travaux de Ptolémée qui publia son Almageste vers l'an 150 de
notre ère, ouvrage important dans lequel il expose

l'état de l'astronomie à son époque et les diverses hypothèses émises sur la construction de l'univers, en se rangeant malheureusement du côté du sys- tème des apparences (quoiqu'il discute fort longue- ment la théorie du mouvement de la Terre); — opi- nion qui fit donner définitivement son nom à ce système.

Les invasions des barbares, le bouleversement des peuples, et la nuit du moyen âge arrivèrent, in- terrompant les travaux de l'esprit humain et l'étude de la nature. Cependant dans les pays non chré- tiens, notamment chez les Arabes, à Bagdad et au Caire, l'astronomie continua de fleurir, depuis le calife Haroun-al-Raschid (800) jusqu'à Ulugh Beigh, roi astronome (1400), petit-fils du monstre Tamer- lan, mais aussi excellent que son aïeul avait été horrible. Il en fut de même en Chine.

Au milieu du XVIᵉ siècle de notre ère, en l'an 1513, Copernic mourant légua à l'humanité la bible de l'astronomie moderne, qui prouve que la Terre où nous sommes n'est pas au centre du monde, mais n'est qu'une simple planète tournant comme les autres autour du Soleil. Depuis cette époque, c'est-à-dire depuis plus de trois cents ans, les tra- vaux progressifs des illustres génies qui consacrè- rent leur vie à chercher la Vérité, les Galilée, les Képler, les Newton, immortels fondateurs de l'astronomie moderne; ceux de Cassini, Roemer, Halley, Flamsteed, Bradley, Lalande, Herschel, Laplace, Bessel, Le Verrier; ceux des astronomes modernes de toutes les nations, ont constamment prouvé, vérifié, démontré la réalité du système de Copernic.

C'est ainsi qu'à travers la longue série des siècles, la plus ancienne des sciences est arrivée jusqu'à nous, se développant, se perfectionnant, se corrigeant sans cesse, élevant lentement les assises du plus beau monument que l'esprit humain ait édifié, — monument inébranlable, du haut duquel nous contemplons aujourd'hui l'univers, découvrons l'étendue de l'espace, observons les révolutions des mondes, en admirant les lois qui les régissent et les forces qui les soutiennent au sein de l'éternel infini.

III

NOTRE PLANÈTE

Nous avons dit, dès la première page de ce livre, que la Terre est un astre du ciel.

Comment cela?

Ne sommes-nous pas en bas? Le ciel n'est-il pas en haut?

La Terre n'est-elle pas une boule immense autour de laquelle le ciel tourne?

Examinons.

Que la Terre soit une boule, isolée dans l'espace, tout le monde le sait maintenant que l'on a parcouru sa surface sphérique, presque dans tous les sens, et que *tous les voyageurs peuvent en faire le tour*. Donc, sur ce premier point il n'y a plus aucun doute possible.

Elle n'est supportée par rien. Jamais les voya-

geurs, par terre ou par mer, n'ont rencontré aucun
support. Lorsqu'on voit l'ombre de la Terre sur la
Lune, pendant les éclipses, elle est parfaitement
ronde. Tous les autres corps célestes, le soleil, la
lune, les planètes, les étoiles, sont sphériques. D'ailleurs, par quoi les prétendues fondations de la Terre
seraient-elles supportées à leur tour? On avait imaginé de massifs piliers, puis on avait fait porter ces
piliers par des éléphants... puis les éléphants par
une immense tortue... Et après? ce n'était que
reculer la difficulté.

C'était l'idée de la pesanteur qui était erronée.
Nous savons tous maintenant que n'importe en quel
lieu du globe nous allons, nous avons toujours les
pieds en bas. Donc, le bas, c'est l'intérieur de la
Terre.

Il n'y aurait plus aucune excuse pour nous de
nous demander ce qui soutient le globe terrestre,
puisque toutes les directions de la pesanteur ten-
dent vers son centre. Pourquoi ce globe ne tombe-
t-il pas, demandait-on? Il faudrait qu'il tombât
en dehors de lui! Cela n'a plus de sens. Le bas, c'est
l'intérieur du globe, le haut, pour les habitants de
la Terre, c'est ce qui est au-dessus de leurs têtes,
tout autour du globe.

Nous devons donc nous représenter le globe terrestre suspendu dans l'espace sans aucune espèce de

support, absolument comme le serait une bulle de savon en l'air.

Encore est-il plus isolé que la bulle de savon même, attendu que celle-ci repose en réalité sur les couches d'air plus lourdes qu'elle, tandis que la Terre ne repose sur aucun fluide, sur aucune couche, et demeure indépendante de toute espèce de point d'appui ou de suspension.

La difficulté que certains esprits ont manifesté à croire que la Terre peut être suspendue comme un ballon dans l'espace et complètement isolée de toute espèce de point d'appui provient, disons-nous, d'une fausse notion de la pesanteur. L'histoire de l'astronomie ancienne nous montre une anxiété profonde chez les premiers observateurs qui commençaient à concevoir la réalité de cet isolement, mais qui ne savaient comment empêcher de *tomber* ce globe si lourd sur lequel nous marchons. Les premiers Chaldéens avaient fait la Terre creuse et semblable à un bateau, elle pouvait alors flotter sur l'abîme des eaux. Quelques anciens voulaient qu'elle reposât sur des tourillons placés aux deux pôles. D'autres supposaient qu'elle s'étendait indéfiniment au-dessous de nos pieds. Tous ces systèmes étaient conçus sous l'impression d'une fausse idée de la pesanteur. Pour s'affranchir de cette antique illusion, il faut et il suffit de se convaincre que la pesanteur n'est

qu'un phénomène constitué par l'attraction d'un
centre. Un corps ne tombe que lorsque l'attraction
d'un autre corps plus important le sollicite. Les
images de haut et de bas ne peuvent s'appliquer
qu'à un système matériel déterminé, dans lequel la
direction de la pesanteur sera considérée comme
le bas; hors de là elles ne signifient plus rien. Lors
donc que nous supposons notre globe isolé dans l'espace, nous ne faisons là rien qui puisse donner
prise à l'objection signalée plus haut, qui craint de
voir tomber la Terre on ne sait où.

Voilà ce globe dans l'espace. Il mesure 12 742 kilomètres de diamètre. Nous mesurons, de taille
moyenne, 165 centimètres de hauteur. Notre grandeur relativement à celle du globe terrestre est donc
moindre que ne le serait celle d'une fourmi marchant autour d'un boulet de la grosseur du Pan-
théon. Or supposons-nous marcher autour de ce
globe en tous sens, comme le ferait une fourmi autour d'un immense boulet. Ce globe est comparable à une boule d'aimant, et c'est son attraction qui
nous attache invinciblement à sa surface.

Quel que soit le point du globe où nous mar-
chions, nous appellerons toujours bas la surface que
nous avons sous les pieds et haut l'espace situé
au-dessus de notre tête. Nous pouvons nous supposer successivement en tous les points du globe

sans exception : tous ces points seront nécessairement le bas pour nous, et le point correspondant de
l'espace sur notre tête sera de même toujours le
haut; ce n'est donc là qu'une affaire de position par
rapport à nous et non pas une réalité absolue par

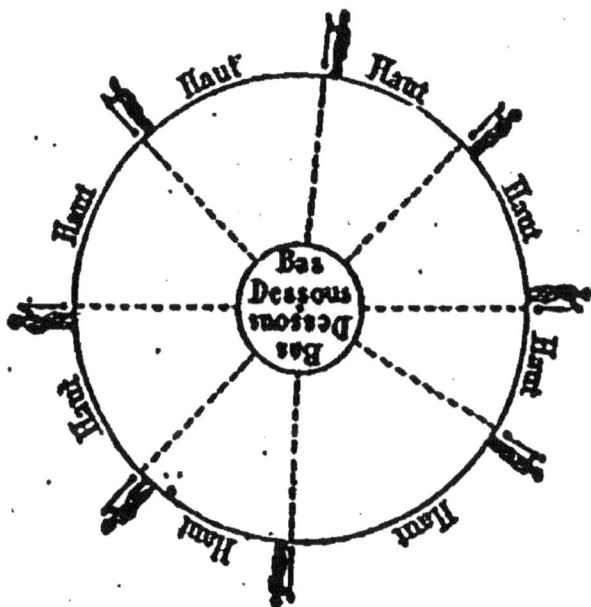

Fig. 3. — Tout autour de la Terre la pesanteur tend au centre.

rapport à l'espace extérieur. Deux observateurs si-
tués aux extrémités d'un même diamètre auront le
haut réciproquement opposé; deux autres, placés à
l'extrémité d'un second diamètre croisant le premier
à angle droit mettront le haut en deux points perpendiculaires aux premiers. Et ainsi de suite. Si le
globe entier était couvert d'observateurs, chacun

d'eux plaçant le haut sur sa tête, il s'ensuivrait que l'espace environnant tout entier serait le haut, pour l'ensemble de la population du globe.

C'est là, en réalité, notre situation autour du globe terrestre. En quelque point que nous habitions, nous appelons ciel l'espace situé au-dessus de notre tête. D'ailleurs, la Terre fait un tour sur elle-même en 24 heures. A l'heure où vous lisez ces lignes, vous considérez comme le haut l'espace que vous regardez en levant la tête; dans six heures par le même procédé vous donnerez la même qualification à l'espace qui sera alors situé au-dessus de votre tête, et qui, maintenant forme un angle droit avec votre verticale, dans douze heures, vous appellerez le haut l'espace qui, actuellement, s'étend sous vos pieds. Et ainsi de suite, quelle que soit la place où vous soyez sur le globe.

La figure précédente nous montre bien comment l'intérieur du globe représente le bas pour tous les habitants de la Terre et comment l'extérieur représente le haut.

Cette boule du globe terrestre mesure, avons-nous dit, 12 742 kilomètres de diamètre. Elle est environnée d'une couche d'air, d'une atmosphère, dont l'épaisseur surpasse cent kilomètres. Cette atmosphère est bleue. En elle flottent des nuages à des hauteurs diverses, ces hauteurs variant depuis 800 mètres jusqu'à 10 000. Ce sont ces nuages qui forment, lorsque le ciel est couvert, une apparence de voûte surbaissée, peu élevée au-dessus de nos têtes, mais qui s'étend au delà de l'horizon et semble posée sur

Fig. 4. — Les nuages, au-dessus de nos têtes, sont plus proches qu'à l'horizon, *dans toutes les directions.*

la Terre. Directement au-dessus de nos têtes, cette voûte nuageuse n'est pas, en général, à plus de deux kilomètres, et elle n'est souvent qu'à 1000 ou 1200

Fig. 5. — Il en résulte pour nous la vue d'une voûte surbaissée.

mètres; mais nous la voyons se prolonger comme un plafond jusqu'à dix, quinze et vingt kilomètres : voilà pourquoi la forme du ciel n'est pas sphérique, mais aplatie. Lorsque le ciel est pur, nous avons encore l'apparence de cette voûte (mais moins basse), parce que l'air n'est pas complètement transparent

et étend une sorte de nappe bleue au-dessus de nous.
Si l'atmosphère était complètement transparente ou
si elle n'existait pas, nous n'aurions pas de voûte
céleste du tout, nous verrions les étoiles en plein
jour comme pendant la nuit, car elles sont là de
jour comme de nuit, et nous pouvons les voir en
plein midi à l'aide des instruments astronomiques.

On a mesuré la Terre, et c'est cette mesure qui a
déterminé la longueur du mètre, comme étant par
définition la dix-millionième partie du quart du
méridien terrestre. La circonférence du globe terrestre, en passant par les pôles, est de quarante millions de mètres, en nombre rond. Nous disons « en
nombre rond » parce que depuis l'époque (1795) à
laquelle la mesure du mètre a été adoptée, les progrès de l'astronomie ont montré que la dix-millionième partie du quart du méridien terrestre est plus
grande que le mètre légal d'environ 2 dixièmes de
millimètre.

Nous venons de parler des *pôles*. Qu'entend-on
par ces mots?

Prenez une boule, et faites la tourner sur elle-
même. Il est impossible qu'une boule tourne sans
qu'il y ait deux points autour desquels s'exécute le
mouvement; c'est ce que chacun peut constater en
faisant tourner une boule quelconque entre les doigts
ou sur une table.

LA TERRE DANS L'ESPACE.

Ces deux points, diamétralement opposés l'un à l'autre, s'appellent les *pôles*.

La ligne qui traverse la boule pour aller d'un pôle à l'autre s'appelle l'*axe* du mouvement de rotation.

Entre ces deux pôles et dans le milieu de leur intervalle, le grand cercle qui partage la boule en deux hémisphères s'appelle l'*équateur*.

Ces trois données importantes (l'axe de rotation, les pôles et l'équateur) seront comprises au premier coup d'œil à l'inspection de notre petite figure 7.

Après avoir mesuré la Terre, les astronomes ont voulu la peser, et ils y sont parvenus. Ils ont trouvé qu'elle pèse plus que l'eau, dans la proportion de 1 à 5 ½. Le globe terrestre pèse cinq fois et demi plus que ne pèserait un globe d'eau de sa dimension.

Ce poids équivaut à environ 5 875 sextillions de kilogrammes :

5 875 000 000 000 000 000 000 000.

Remarquons encore que le globe terrestre est à peu près régulier, malgré les aspérités apparentes des chaînes de montagnes. Les plus hautes montagnes n'atteignent pas la millième partie du diamètre du globe, et les plus grandes profondeurs de la mer ne dépassent pas non plus cette quantité.

Mais, pense-t-on certainement, il y a pourtant

une différence entre la Terre et les astres. La Terre est en bas (toujours?), les astres sont en haut; la Terre n'est pas brillante, les astres le sont; la Terre est grande, les astres sont petits; la Terre est lourde, les astres paraissent légers, etc. Autant d'objections, autant d'erreurs.

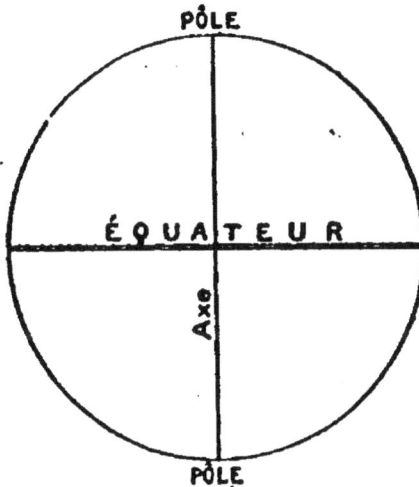

Fig. 7. — Les pôles, l'axe du monde et l'équateur.

La Terre n'est pas en bas, nous l'avons déjà vu. Il n'y a ni haut ni bas dans l'univers, notre globe est habité tout autour, nos antipodes ont les pieds opposés aux nôtres; le bas, pour nous, c'est l'intérieur du globe, et il en est de même pour tous les habitants qui marchent autour de ce globe; le haut, pour tous aussi, c'est l'extérieur du globe, c'est l'espace qui nous environne; de plus, la Terre tourne

sur elle-même, et ce qui est au-dessus de nos têtes,
dans le ciel, à une certaine heure, est sous nos pieds,
et toujours dans le ciel, douze heures après. Nous
tournons avec le globe, puisque nous avons toujours
les pieds à sa surface et qu'il nous attire comme le
ferait une boule d'aimant sur de petits êtres de fer.

La Terre paraît obscure, grande et lourde, tandis
que les astres paraissent brillants, petits et légers.
Ce sont là autant d'apparences. En réalité, la Terre
brille de loin comme une étoile : elle renvoie dans
l'espace toute la lumière qu'elle reçoit du Soleil.
Vue de la Lune, elle offre une surface quatorze
fois plus vaste, une lumière quatorze fois plus
intense, dont nous recevons nous-mêmes le reflet pendant la nuit, dans la lumière cendrée de la
Lune, laquelle est produite, comme tout le monde
le sait ou doit le savoir, par le clair de Terre. Vue
de Mars, la Terre est une brillante étoile, du matin
et du soir, offrant exactement l'effet que Vénus nous
présente. Vue de Vénus et de Mercure, elle brille
dans le ciel à minuit comme Jupiter le fait pour
nous. Observé de cette distance, le globe terrestre
plane dans le ciel et présente des phases comme la
Lune, Vénus, Mercure, nous en présentent. D'un
autre côté, ces planètes, qui brillent dans notre ciel
comme des étoiles et plus encore, ne sont pourtant
pas plus lumineuses par elles-mêmes que notre pro-

pre globe : nous ne les voyons que parce que le Soleil les éclaire. La lumière du Soleil traverse l'espace sans l'éclairer, et elle le traverse aussi bien à
minuit qu'à midi. Les corps planétaires, tels que la
Terre, la Lune, Mars, Vénus, etc., arrêtent cette
lumière qui les frappe, et c'est pour cela qu'ils sont
brillants. En réalité, ni la Lune, ni Mercure, ni
Vénus, ni Mars, ni Jupiter, ni Saturne, ni Uranus,
ni Neptune, ne sont plus brillants que notre planète.

Le calcul prouve d'autre part que ces globes
sont aussi grands que la Terre et aussi lourds
qu'elle. Les uns, comme la Lune, Mercure, Mars,
le sont moins ; les autres, comme Uranus, Neptune,
Saturne, Jupiter, le sont davantage. Jupiter, par
exemple, est 1 234 fois plus gros à lui seul que la
Terre entière : il faudrait 1 234 globes terrestres
réunis en un seul pour former un globe de la grosseur de Jupiter. Il est 310 fois plus lourd que notre
monde, de sorte que si l'on pouvait placer Jupiter
sur le plateau d'une balance assez gigantesque pour
le recevoir, il faudrait placer sur l'autre plateau 310
terres pour lui faire équilibre. Les apparences sont
donc bien trompeuses. En réalité, la Terre que nous
habitons n'a pas *un seul* caractère spécial qui la distingue des autres mondes, qui planent de concert
avec elle dans l'harmonie des cieux.

En résumé, la première vérité enseignée par l'as-

tronomie et dont il importe d'être absolument convaincu si l'on tient à comprendre la réalité des
choses, c'est que *la Terre est isolée dans l'espace,*
sans soutien ni point d'appui d'aucun genre, et
qu'il n'y a ni haut ni bas, ni gauche ni droite, ni
direction d'aucune sorte, dans l'univers. Si l'on ne
fait pas l'effort d'esprit nécessaire pour se rendre
compte de ce fait et pour savoir une fois pour toutes
que notre globe est un astre du ciel, isolé, mobile,
voguant dans le vide des espaces comme les autres
astres, ni plus ni moins; si l'on garde en soi quelque arrière-pensée du sentiment provenant des apparences, et si l'on se souvient vaguement que la
Terre pourrait être au bas du monde et soutenir le
ciel posé comme un dôme sur ses lointaines frontières, il est inutile d'aller plus loin : on n'a pas
l'esprit ouvert pour la vérité, et quoi qu'on fasse, si
l'on ne s'est pas entièrement dégagé d'abord de
cette fausse idée, s'il en reste la moindre trace, il
est impossible de rien comprendre aux mouvements
de la Terre, à sa situation dans le système planétaire, et à la disposition générale de l'univers.

IV

LES MOUVEMENTS DE LA TERRE

Tout le monde sait, et tout le monde peut constater que le Soleil, la lune et les étoiles ne restent pas une seule heure fixes aux mêmes points du ciel, et que tous les astres tournent en vingt-quatre heures autour du globe terrestre.

Longtemps on a cru qu'ils tournaient réellement, comme ils le paraissent. On voit le Soleil se lever, monter graduellement jusqu'à une certaine hauteur qu'il atteint à midi, puis descendre et se coucher. Des observations analogues peuvent se faire sur la Lune, ainsi que sur toutes les étoiles.

Mais, lorsque les progrès des sciences ont été suffisants pour permettre aux hommes de se rendre compte de la grandeur de l'univers, on n'a pas tardé à comprendre qu'il serait extrêmement difficile d'admettre un pareil mouvement.

Lorsque le soleil, la lune et les étoiles étaient considérés comme très proches de nous, le chemin qu'ils auraient dû parcourir pour accomplir leur révolution en vingt-quatre heures n'eût pas été énorme, et la vitesse n'eût pas été fantastique. Mais lorsque les distances ont pu être appréciées, même à une approximation très grossière, de pareilles vitesses se sont montrées inacceptables, et même impossibles en mécanique.

Ainsi, par exemple, il est prouvé par six méthodes différentes et indépendantes l'une de l'autre, s'accordant parfaitement dans leurs résultats, que le Soleil est éloigné de nous à 11 700 fois le diamètre de la Terre. Or nous savons d'autre part que ce diamètre est de 12 732 kilomètres. Donc la distance d'ici au Soleil est de 149 millions de kilomètres. Eh bien, s'il devait tourner en vingt-quatre heures autour de nous à cette distance, il devrait courir, voler, avec une vitesse de 9 000 kilomètres par seconde, ou 38 720 000 kilomètres par heure!

Et pourquoi? Pour tourner autour d'un point minuscule relativement à lui, car le Soleil est 108 fois plus large que la Terre en diamètre, 1 283 000 fois plus immense en volume et 324 000 fois plus lourd!

Il est évidemment impossible d'admettre une pareille conclusion. Ce serait un miracle perpétuel, en contradiction avec toutes les lois de la nature.

Ce que nous venons de dire du Soleil peut s'appliquer à chacune des étoiles! Et il y en a des millions, des dizaines, des centaines de millions! Il y en a à l'infini, et chacune est plus grosse et plus lourde que la Terre, chacune est un Soleil.

Et leur transport en vingt-quatre heures autour de notre petite boule serait encore incomparablement plus inconcevable que celui du Soleil, parce qu'elles ne sont pas à une égale distance de nous, ni attachées à une sphère solide comme on le croyait autrefois. Elles sont éloignées à toutes les distances, et jusqu'au delà des dernières bornes mêmes que l'imagination puisse concevoir.

La plus proche est 275 000 fois plus éloignée que le Soleil. Pour tourner autour de nous, elle devrait donc courir 275 000 fois plus vite que le Soleil encore, c'est-à-dire en raison de 2 475 000 000 kilomètres par seconde : 2 milliards 475 millions de kilomètres *par seconde!*

Et c'est l'étoile la plus proche de nous, celle qui devrait aller le moins vite!

Toutes les autres devraient se précipiter dans l'espace avec une vitesse beaucoup plus grande encore, dix, cent, mille fois plus rapide ... et il y en a jusqu'à l'infini. L'idée même d'une pareille translation dans l'immensité devient inconcevable.

Et elles sont toutes incomparablement plus grosses et plus lourdes que la Terre. Celle dont nous venons de parler, la plus proche (c'est l'étoile alpha de la constellation du Centaure), pèse même plus que le Soleil.

Poser la question, c'est la résoudre.

En effet, les apparences sont les mêmes pour nous, que ce soit le ciel qui tourne ou la Terre. Chacun a pu faire l'observation sur un bateau ou dans un wagon de chemin de fer. En bateau, nous devinons tout de suite que ce n'est pas le rivage qui se déplace. Mais en chemin de fer, il est souvent impossible de savoir si c'est nous qui marchons ou un train voisin.

Or nous avons vu plus haut que la Terre est sphérique et entièrement isolée dans le vide de l'espace. Si elle tourne sur elle-même, en nous emportant avec elle, nous n'en pouvons rien savoir. Il n'y a aucun frottement, aucun bruit. Si c'est le ciel qui tourne, la nature ne nous l'apprend pas non plus. Donc nous sommes en face de deux hypothèses :

Ou bien obliger tout l'univers à tourner autour de nous chaque jour, ou bien supposer notre globe animé d'un mouvement de rotation sur lui-même et éviter à l'univers cet incompréhensible travail.

Nous le répétons, poser la question, c'est la résoudre, et il est impossible à tout homme de bon sens de n'être pas convaincu que c'est la Terre qui tourne.

Il y a plus de deux mille ans qu'on s'en doute, car les Pythagoriciens l'enseignaient, Cicéron et Plutarque parlent des philosophes qui, à l'exemple de Nicétas, de Syracuse, penchaient pour cette opinion; et Ptolémée la discute longuement pour lui préférer à tort le système des apparences auquel son nom a été donné. Il est vrai que dans l'antiquité les témoignages n'étaient pas aussi évidents qu'aujourd'hui. C'est seulement au XVIe siècle [1], que Copernic, astronome polonais, réunit en un même faisceau les considérations mathématiques qui conduisaient à simplifier le système de Ptolémée, devenant intolérable par toutes les complications qu'il avait fallu lui ajouter pour faire concorder les mouvements célestes observés avec l'hypothèse de la Terre centrale et immobile. Il avait fallu surajouter jusqu'à 75 cercles mobiles les uns sur les autres, et encore restait-il beaucoup de mouvements célestes inexpliqués, notamment ceux des comètes.

Cela se conçoit. En fait, la Terre tourne sur elle-

[1] Son ouvrage, *De Revolutionibus Orbium Cœlestium*, a été publié l'année même de sa mort, en 1543. (Voy. notre petit ouvrage : *L'Astronomie et ses fondateurs : Copernic et le Système du Monde.*

même en 24 heures, et autour du Soleil en un an. Il en résulte des déplacements apparents de perspective dans les positions des autres planètes (de même qu'en voyageant en chemin de fer on voit se déplacer les arbres et les divers objets du paysage). Ces déplacements sont inexplicables dans l'ancien système.

Le mouvement de translation annuelle de la Terre autour du Soleil s'effectue à la distance de 149 millions de kilomètres de cet astre. Les étoiles sont très éloignées. Cependant ce déplacement annuel de la Terre produit une petite variation apparente dans la position des plus proches, correspondant exactement à la marche de notre planète, et c'est même ainsi que l'on a pu déterminer leurs distances. Ces variations de positions des étoiles ont été une deuxième confirmation du double mouvement de la Terre.

Il y a eu bien d'autres confirmations de ces mouvements de la Terre. Ainsi : 3° notre globe est aplati à ses pôles et renflé à l'équateur, juste comme il doit arriver par sa rotation diurne. — 4° Si l'on fait tomber une pierre le long d'un grand puits, elle ne descend pas juste verticalement, mais un peu vers l'Est. — 5° Les objets pèsent un peu moins à l'équateur qu'aux pôles, à cause de la force centrifuge, qui diminue la pesanteur. — 6° Pour la même raison, la longueur d'un pendule à secondes est plus courte à l'équateur qu'à Paris. — 7° Un pendule mis en oscillations en un lieu quelconque du globe garde toujours le même plan, et la Terre en tournant produit un déplacement apparent, qui met en évidence son mouvement diurne. — 8° La lumière qui nous arrive des étoiles confirme, par une légère déviation, le mouvement annuel de notre planète autour du Soleil, etc., etc. Les preuves directes du double mouvement de la Terre, diurne et annuel, sont aujourd'hui très nombreuses, et elles n'étaient pas nécessaires après les raisonnements que nous avons faits tout à l'heure.

De plus, les bases de l'astronomie sont si absolument sûres, les lois de la mécanique céleste sont si exactement connues, que nous pouvons prédire d'avance tout ce qui doit arriver dans le ciel conformément à ces lois. Toutes les découvertes astronomiques sont venues depuis trois siècles et demi confirmer et prouver de toutes les façons, et sans que l'ombre d'un doute puisse subsister, la théorie des mouvements de notre planète, à ce point même que l'on a pu annoncer d'avance par le calcul l'existence d'astres que l'on n'avait jamais vus, tant les lois astronomiques sont aujourd'hui exactement connues et surabondamment établies.

Les deux mouvements de la Terre que nous venons d'exposer sont les deux principaux : la rotation

diurne et la révolution annuelle. Notre planète est
mue par beaucoup d'autres, moins importants,
dont la description sortirait du cadre de ces éléments [1]. On connaît déjà à la Terre plus de dix
mouvements distincts. Notre globe, comme les
autres, est un jouet léger pour les forces cosmiques
éternelles.

[1] Nous avons décrit les *onze* principaux dans notre *Astronomie populaire.*

V

LES CONSÉQUENCES DES MOUVEMENTS DE LA TERRE

LE JOUR ET LA NUIT,
LA MESURE DU TEMPS, LES MÉRIDIENS, LES CLIMATS,
LES SAISONS, LES ANNÉES, LE CALENDRIER.

En tournant sur elle-même en vingt-quatre heures, la Terre présente successivement ses différentes parties aux rayons du Soleil fixe, qui brille à 149 millions de kilomètres de distance. C'est ce qui produit le jour et la nuit. Les pays exposés au Soleil ont le jour ; les pays qui sont dans l'ombre de la Terre, à l'opposé du Soleil, ont la nuit.

C'est aussi là ce qui fait la différence des heures. Les pays qui passent juste en face du Soleil ont midi, et ceux qui sont juste à l'opposé ont minuit. Ceux que la rotation de la Terre amène vers la lumière ont le matin, ceux qu'elle remporte ont le soir. Chaque pays tourne en vingt-quatre heures autour de l'axe du monde. Si l'on regardait le globe terrestre en ayant le pôle nord en face de soi, on aurait l'aspect représenté sur la figure suivante. Il faut supposer le Soleil brillant en haut, à une grande distance. Le pôle nord est au centre de ce disque et l'équateur en forme la circonférence. Vingt-quatre méridiens sont tracés du pôle à l'équateur, et nous pouvons par la pensée les supposer prolongés de l'autre côté de l'équateur, sur l'hémisphère austral, jusqu'au pôle sud. On a inscrit la position de 26 points importants, dont voici la liste :

1.	Paris	midi	14.	San-Francisco	$3^h 41^m$ M.
2.	Vienne	midi 56^m	15.	San-Diego	$4^h 2^m$
3.	St-Pétersbourg	$1^h 32^m$ S.	16.	Mexico	$5^h 14^m$
4.	Suez	2^h	17.	Nouvelle-Orléans	$5^h 50^m$
5.	Téhéran	$3^h 16^m$	18.	Cuba	$6^h 21^m$
6.	Boukara	$4^h 3^m$	19.	New-York	$6^h 55^m$
7.	Delhi	$5^h 0^m$	20.	Québec	$7^h 6^m$
8.	Ava	$6^h 14^m$	21.	Cap Farewel	$8^h 55^m$
9.	Pékin	$7^h 37^m$	22.	Reikiavig	$10^h 23^m$
10.	Iédo	$7^h 10^m$	23.	Mogador	$11^h 12^m$
11.	Okhotsk	$9^h 23^m$	24.	Lisbonne	$11^h 14^m$
12.	Iles aléoutiennes	min. 45^m	25.	Madrid	$11^h 36^m$
13.	Petropolowski	$1^h 35^m$ M.	26.	Londres	$11^h 51^m$

On voit que lorsqu'il est midi à Paris, il n'est que $11^h,51^m$ à Londres; tandis qu'il est déjà pres-

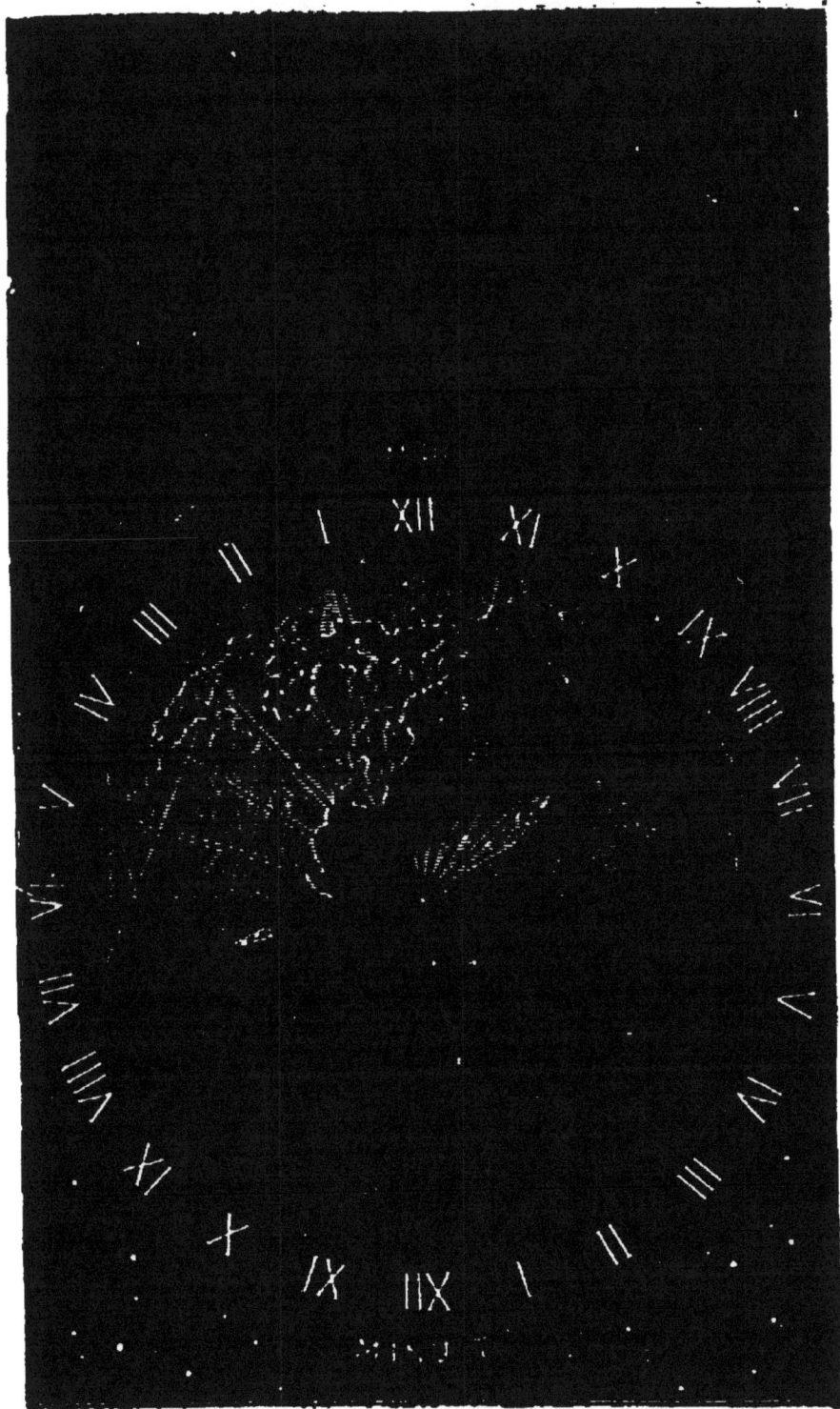

LES HEURES DU JOUR ET DE LA NUIT.

4

que 1 heure à Vienne, et presque 2 heures à Saint-Pétersbourg. La Terre tourne dans le sens indiqué par les flèches et donne ainsi successivement toutes les heures à tous les pays du globe.

En faisant le tour du globe de l'ouest à l'est on va au-devant du Soleil, on gagne sur lui, on avance

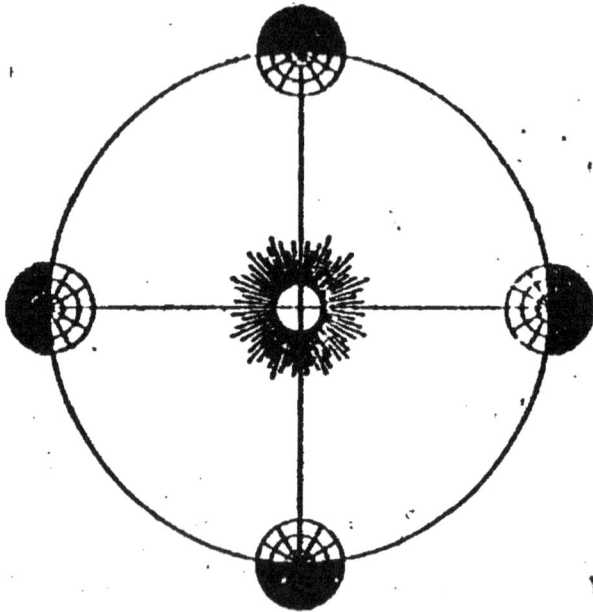

Fig. 9. — Globe tournant droit.

d'un jour, et en revenant à son point de départ au lundi, par exemple, l'on trouverait que les habitants en sont encore au dimanche. Ce serait le contraire en faisant le tour du monde, de l'est à l'ouest.

Ce mouvement diurne de la Terre nous donne la

mesure du temps. On a partagé sa durée en 24 parties appelées heures, chaque heure en 60 minutes,
chaque minute en 60 secondes. Si la Terre ne
tournait pas, le temps n'existerait pas. Dans l'espace absolu, il n'y a pas de temps. C'est l'Astro-
mie qui a créé le temps et qui le mesure.

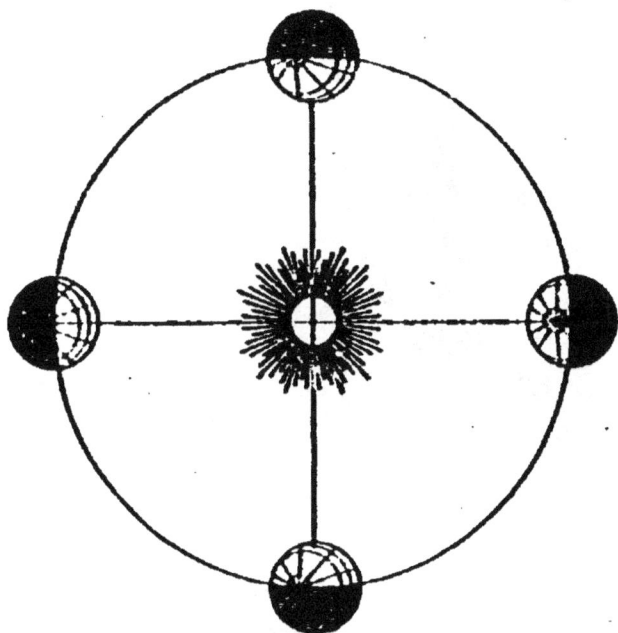

Fig. 10. — Globe tournant penché.

Seulement, la Terre ne tourne pas droite, mais
penchée. Si elle tournait droite, comme le représente
la figure 9, tous les pays auraient régulièrement
douze heures de jour et douze heures de nuit. Comme
elle est inclinée, ceux qui ont un plus grand cercle
à parcourir au soleil ont des jours plus longs, et

ceux qui ont un petit cercle des jours plus courts.
Chacun peut facilement s'en rendre compte à l'inspection de la figure 10 et mieux encore à celle de

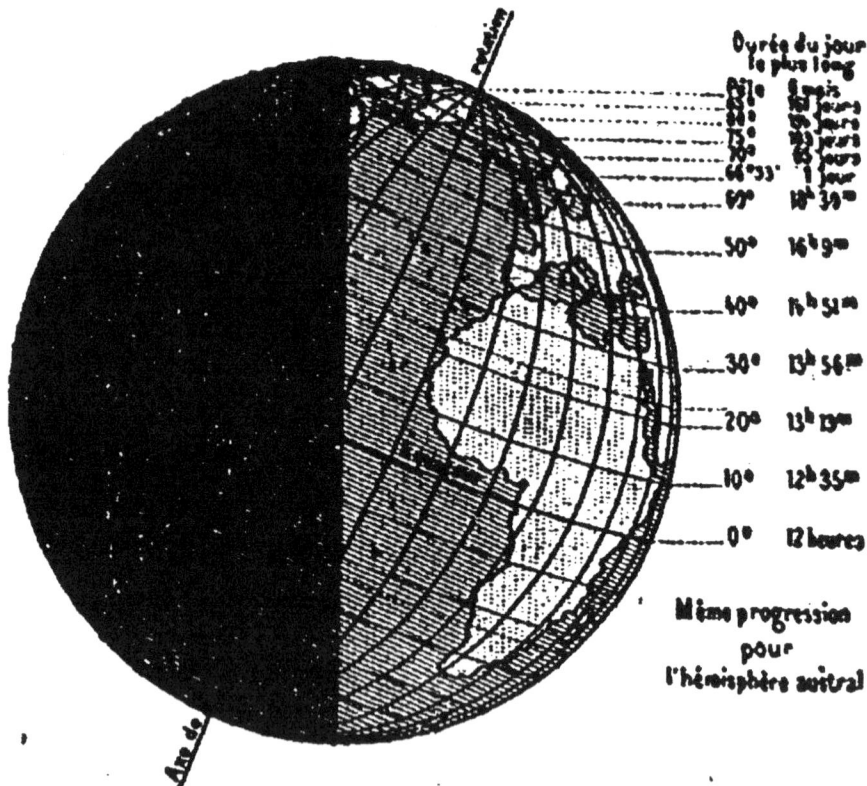

Fig. 11. — Inclinaison de la Terre. — L'illumination
solaire au solstice de juin

la figure 11, dont la grandeur montre avec évidence les effets de cette inclinaison.

Remarquons, maintenant, que la Terre tourne
en un an autour du Soleil, en conservant toujours
la même position penchée. Il en résulte que les
pays qui ont les jours les plus longs, à une cer-

taine époque de l'année, se trouvent six mois plus
tard dans une situation opposée, et ont alors les
jours les plus courts.

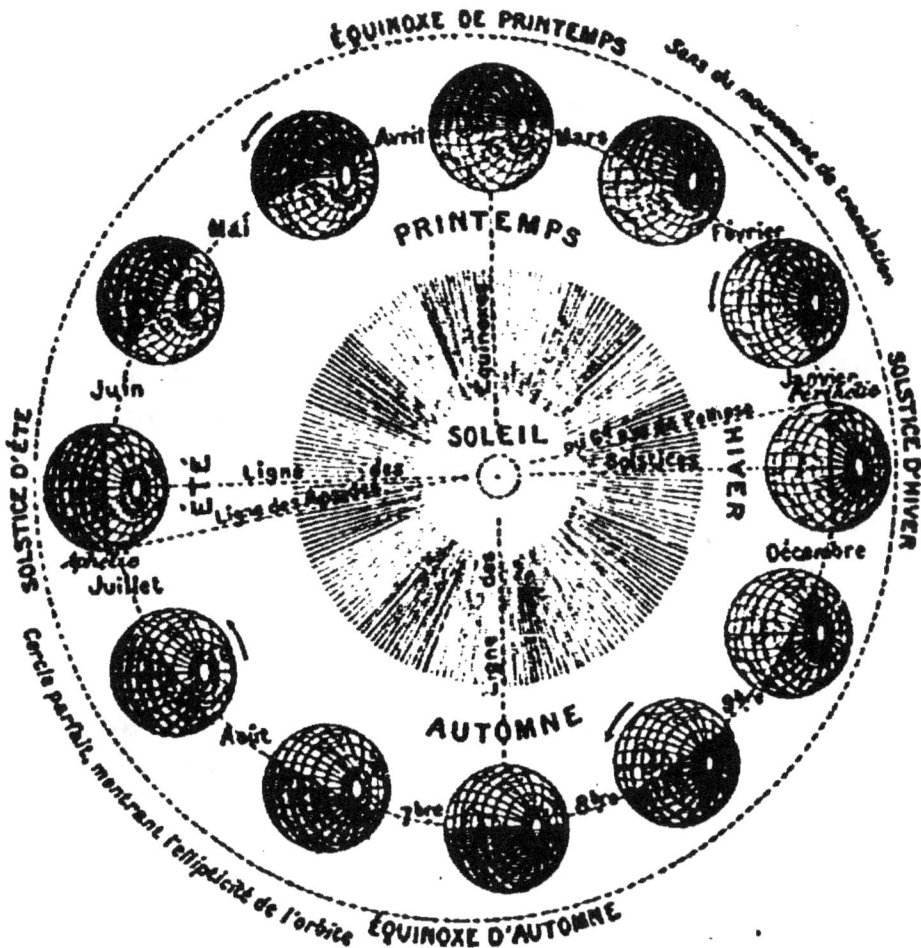

Fig. 12. — Mouvement de la Terre autour du Soleil.

Les saisons et les climats résultent de cette inclinaison du globe. L'été arrive pour chaque hémisphère lorsque le Soleil éclaire le pôle correspon-

dant. A la date du 21 juin, c'est l'hémisphère
boréal qui présente son pôle à l'illumination
solaire, et c'est l'été pour nous. C'est en même
temps l'hiver pour l'hémisphère austral. Six mois
plus tard, à la date du 21 décembre, c'est le contraire : nous avons l'hiver, tandis que les habitants
de l'hémisphère austral ont l'été. Il y a encore aujourd'hui des personnes qui, faute de réflexion,
s'imaginent que l'hémisphère sud est plus chaud
que le nord, et l'on a vu des poëtes traiter le pôle
sud de « pôle brûlant ». En réalité, la zone la
plus chaude du globe est celle qui s'étend de part
et d'autre de l'équateur et sur laquelle dardent
constamment les rayons d'un soleil presque ver-
tical. On lui a donné le nom de zone torride. Le
vent qui souffle de là vers la zone tempérée boréale, comme vers la zone tempérée australe, est
un vent chaud ; ce vent chaud vient donc du sud
pour nous et du nord pour les habitants de la zone
tempérée australe. Notre figure 13 montre l'étendue
de ces zones sur la sphère terrestre.

Comme notre globe roule dans l'espace avec son
axe incliné de 23° 27' sur la perpendiculaire au
plan dans lequel il se meut autour du Soleil (voy.
fig. 11), le Soleil qui brille juste sur l'équateur à
l'époque des équinoxes, c'est-à-dire le 21 mars et
le 21 septembre, s'en écarte graduellement pour

arriver à 23° 27′ de latitude nord le 21 juin, et à 23° 27′ de latitude sud le 21 décembre. La zone torride occupe tout cet espace sur le globe. Les cercles tracés sur le globe à cette distance de l'équateur s'appellent les tropiques.

Le 21 juin, le Soleil éclaire le pôle nord jusqu'à 23° 27′ de distance (66° 33′ de latitude), de sorte que

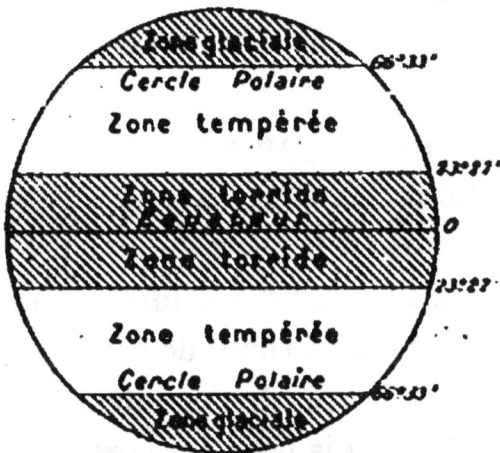

Fig. 13. — Zones et climats.

tout ce qui est dans l'intérieur de ce cercle garde le soleil sans qu'il se couche. Le pôle même reste éclairé pendant six mois. Chaque pôle reste donc tour à tour exposé pendant six mois au Soleil, et privé du Soleil pendant le même temps. Les cercles tracés sur le globe à 23° 27′ de chaque pôle s'appellent les cercles polaires. La zone intérieure de ces cercles s'appelle la zone polaire, région infortunée qui reste près d'une demi-année dans la nuit, et qui, pendant l'autre moitié de l'année, ne reçoit que les rayons obliques d'un pâle soleil s'élevant en spirale au-dessus de l'horizon brumeux, et ne versant qu'une froide lumière sur les solitudes glacées des régions polaires.

Remarquons encore, pour compléter notre connaissance géométrique du globe terrestre, que pour fixer les positions géographiques on est convenu de partager l'équateur en 360 parties, nommées degrés. Les cercles enveloppant le globe, en allant des pôles à l'équateur, se nomment des *longitudes* ou des méridiens. Ils sont donc tracés dans le sens sud-nord, de haut en bas sur un globe, et se comptent de part et d'autre d'un méridien pris pour point de départ. On a donné le nom de cercles de *latitudes* à ceux qui ont été tracés de l'équateur aux pôles, et l'on a adopté 90 degrés pour ces cercles, le 0° étant à l'équateur et le 90° aux pôles. Notre figure 14 représente ces divisions géométriques. Les cercles de latitude sont d'autant plus petits que l'on s'approche davantage des pôles, tandis que les cercles de longitude ou méridiens, sont tous de grands cercles faisant le tour du globe et mesurant 40 008 000 mètres.

La longueur moyenne d'un arc de 1 degré sur un méridien est de 111 133 mètres.

Comme la Terre n'est pas absolument ronde,

mais légèrement applatie aux pôles (de $\frac{1}{293}$), l'arc
de méridien de 1 degré est un peu plus court à
l'équateur, où il mesure 110563 mètres et un peu
plus long au pôle, où il mesure 111707 mètres.

Pour les latitudes, la longueur d'un arc de 1 de-

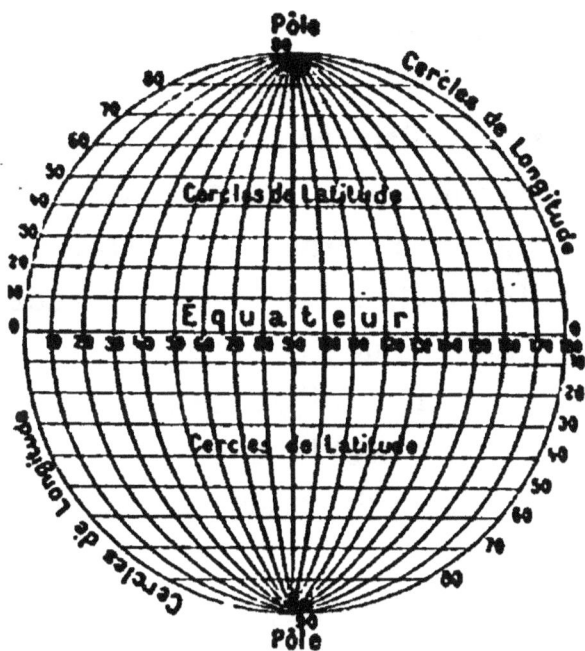

Fig. 11. — Les divisions du globe. — Longitudes et latitudes.

gré diminue rapidement en allant de l'équateur
aux pôles, surtout lorsqu'on arrive aux régions
polaires. Elle est de 111324 mètres à l'équateur, de
78853 mètres à égale distance de l'équateur au
pôle (à 45° de latitude), et seulement de 19396 mètres au 80e degré de latitude.

Le tour du monde, qui est de 40 007 764 mètres le long de l'équateur, n'est plus que de 26 350 000 mètres le long du cercle de latitude de Paris (48° 50'). Un point situé à l'équateur tourne autour de l'axe du globe, en raison de 464 mètres par seconde, pour accomplir sa rotation diurne. A la latitude de Paris, la vitesse n'est plus que de 305 mètres. Aux pôles même elle est nulle.

Nous voyons, en même temps par là qu'à la latitude de Paris, une distance de 305 mètres, dans le sens est-ouest, suffit pour amener une différence d'une seconde dans l'heure. 610 mètres donnent 2 secondes; 915 mètres donnent 3 secondes. La France géographique, de l'Océan au Rhin, est parcourue par le Soleil en 49 minutes. Les heures passent vite, et les jours, et les années... *Fugit Hora!* disaient les anciens cadrans solaires : l'Heure fuit et ne revient plus!

La durée exacte de la rotation de la Terre est de 23ʰ 56ᵐ 4ˢ, ou 86 164 secondes. On dit généralement 24 heures, et voici pourquoi :

En même temps qu'elle tourne sur elle-même, la Terre tourne autour du Soleil; elle se déplace donc suivant un arc de cercle. Pendant les 86 164 secondes que dure sa rotation diurne, elle s'est avancée un peu sur sa route. Regardons un instant la figure 15. Lorsque le méridien A du globe de

gauche se trouve revenu au même point, parallèlement au premier, comme on le voit sur le globe
de droite, il s'est écoulé 86164 secondes : la même
étoile passe alors au méridien. Mais le Soleil, qui

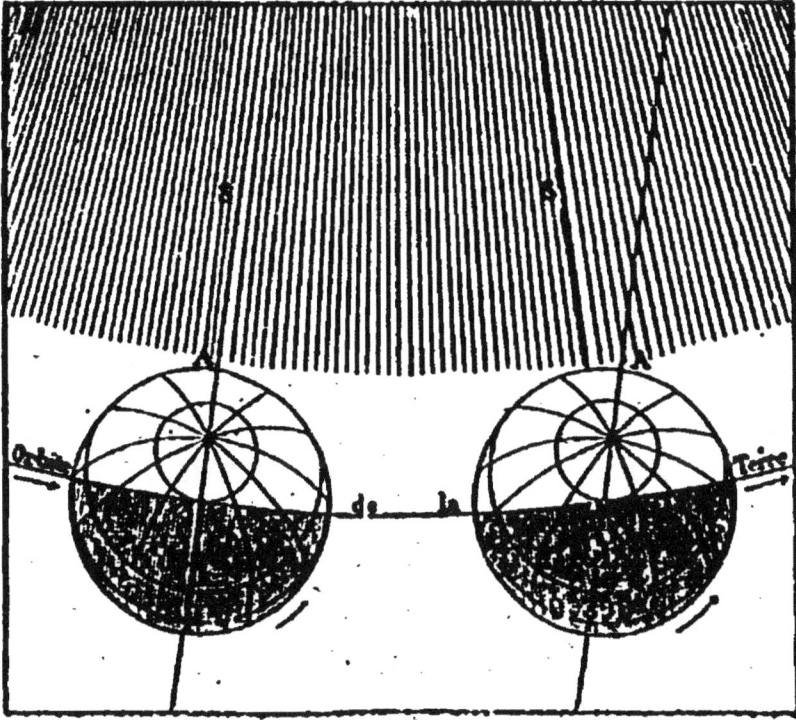

Fig. 15. — Différence entre la durée du jour et la rotation
de la Terre.

est au centre du mouvement annuel de la Terre, se
trouve un peu à gauche de l'étoile, et pour que le
même méridien de la Terre revienne juste devant
lui, il faut que la Terre continue de tourner encore
pendant 3 minutes et 56 secondes. Le jour solaire,

celui qui règle la vie, est donc bien de 24 heures juste. Mais le jour sidéral, ou la durée de la rotation de la Terre, n'est que de 23ʰ 56ᵐ 4ˢ.

Nous avons dit que la Terre circule autour du Soleil le long d'une immense orbite qu'elle emploie une année à parcourir. Pour parcourir cette orbite, tracée à 149 millions de kilomètres du Soleil, notre planète emploie 365ʲ 6ʰ 9ᵐ 9ˢ (365ʲ, 25636). Cette révolution s'appelle l'année sidérale. Mais, de même que les convenances de la vie ont conduit à choisir le jour solaire apparent de préférence au jour sidéral réel, parce que c'est en définitive le Soleil qui règle la vie, de même ce n'est pas cette révolution précise de la Terre qui règle l'année civile, parce que chaque année un très lent mouvement gyratoire de la Terre, que l'on appelle la précession des équinoxes, et qui ne demande pas moins de 25 870 ans pour s'accomplir, recule le point de l'équinoxe de 20 minutes environ, et par cela même les saisons, dont le cycle représente pour nous la véritable année pratique. Cette année civile, appelée aussi l'année tropique, est de 365ʲ 5ʰ 48ᵐ 46ˢ (365ʲ 24 220).

Cette fraction de 5ʰ 48ᵐ 46ˢ a forcé à faire des années inégales de 365 et 366 jours, celle-ci revenant tous les quatre ans, à l'exception de quelques années séculaires, qui ne sont pas bissextiles pour amener la plus grande exactitude possible dans l'année adoptée. L'année 1900 ne sera pas bissextile. A cette exception près, toutes les années dont le chiffre est divisible par 4 sont bissextiles : exemples : 1888, 1892, 1896.

Cette révolution annuelle de la Terre autour du Soleil, effectuée à la distance de 149 millions de kilomètres, a par conséquent pour longueur 930 millions de kilomètres parcourus à la vitesse de 106 000 kilomètres à l'heure ou de 29 500 mètres par seconde.

C'est donc 930 millions de kilomètres à parcourir en 365 jours 6 heures 9 minutes. La Terre court, vole dans l'espace avec la vitesse de 2 544 000 kilomètres par jour, ou 106 000 kilomètres à l'heure, ou 29 500 mètres par seconde ! Cette vitesse est onze cent fois plus rapide que celle d'un train express et 75 fois plus rapide que celle d'un boulet de canon.

Comment concevoir une telle vitesse, plus de *mille fois* supérieure à celle d'un train express !

Nous ne la sentons pas, parce que notre globe, comme tous ceux qui peuplent l'immensité sans bornes des cieux, glisse sans bruit, sans frottement, sans secousse, à travers le vide des espaces. Son mouvement est plus doux que celui de la barque sur le fleuve limpide, plus doux que celui de la gondole sur les lagunes de Venise, plus doux que celui

du ballon dans les plaines azurées de l'air silencieux. Dans cette perfection de transport, il est ma-
tériellement impossible de sentir le mouvement de
la Terre. Nous ne pouvons même pas le voir. Tout
ce qui nous environne est emporté avec nous
et immobile par rapport à nous. L'atmosphère,
les nuages, tout marche d'un commun accord
avec nous. Nous ne pouvons donc avoir aucune
sensation du mouvement. L'observation du ciel
étoilé, qui ne participe pas à notre déplacement, le
calcul, la raison, sont les moyens auxquels nous
pouvons recourir pour nous rendre compte de la
réalité et l'expliquer.

Pour voir le mouvement de la Terre, pour en
sentir la grandeur, il faudrait nous supposer placés
en dehors d'elle, dans l'espace absolu, non loin
de l'orbite sur laquelle elle se meut. Alors, nous la
verrions venir de loin sous la forme d'une étoile
grandissante. Bientôt elle approcherait de nous et
paraîtrait semblable à la Lune, en augmentant graduellement de grosseur. Elle arriverait à grande
vitesse pour passer devant nous à la façon d'un train
de chemin de fer. Mais à peine aurions-nous eu le
temps de la reconnaître, de distinguer les continents et les mers autour de cette boule tournante,
que, glissant devant nos regards stupéfaits avec une
rapidité impossible à décrire, elle continuerait son

cours en s'enfuyant, se rapetissant et s'éloignant dans l'espace... Sa vitesse est 1 100 fois plus rapide que celle d'un train express. Comme la vitesse d'un train express est 1 100 fois plus rapide que celle d'une tortue, si l'on envoyait un train courir après la Terre dans l'espace, c'est exactement comme si l'on envoyait une tortue courir après un train express...

C'est sur ce boulet que nous sommes, boulet de trois mille lieues de diamètre, dans la même situation que des grains de poussière adhérents à un boulet de canon lancé dans l'espace.

Si l'on a bien exactement compris ce que nous venons d'exposer sur la rapidité du mouvement de translation annuelle de la Terre autour du Soleil, sur son mouvement de rotation diurne autour de son axe, sur son isolement; sa sphéricité et sa ressemblance complète avec les autres globes qui gravitent en même temps qu'elle autour du même foyer, on possède dans l'esprit l'évidence même de la réalité, on voit et on sent ce qui se passe, on *sait* désormais, pour ne plus jamais l'oublier, que la Terre n'est pas autre chose qu'un astre du ciel, que nous habitons en ce moment un astre du ciel, aussi réellement que si nous habitions Vénus ou Jupiter, et que nous sommes les passagers d'un céleste navire voguant dans le ciel même.

Les étoiles remplissent constamment l'espace tout autour de nous, de jour comme de nuit. Mais pour les voir, du moins à l'œil nu, l'ombre est nécessaire, à cause de l'illumination de l'atmosphère par la lumière solaire. C'est donc seulement pendant la nuit que nous voyons les étoiles. Alors elles nous paraissent se lever à l'horizon oriental, atteindre une certaine hauteur dans le ciel et se coucher à l'horizon occidental. C'est ce grand et majestueux spectacle de la voûte étoilée qui a permis à l'homme de créer l'astronomie, de s'élever au-dessus des apparences et de découvrir les lois directrices de l'univers.

Sans la nuit, nous n'aurions jamais rien connu. Dans les mystérieuses profondeurs de l'espace brillent des milliers de points lumineux de diverses grandeurs. Leurs associations apparentes en constellations, leurs retours aux mêmes époques de l'année, leur inaltérabilité séculaire, et ce majestueux déplacement nocturne de la voûte céleste tout entière, ont frappé, dès l'origine du monde, l'attention des premiers hommes. On s'est demandé ce que représentaient ces point lumineux suspendus au-dessus de nos têtes comme autant de points d'interrogation, on les a associés aux saisons, aux années, qu'ils semblent régir, et on leur a demandé le secret de nos destinées. Puis, on les a étudiés, on a découvert les mouvements particuliers des planètes, qui semblent glisser sous les étoiles; on est parvenu à reconnaître que ces planètes circulent comme la Terre autour du Soleil et que cette Terre où nous vivons n'est elle-même qu'une planète errante. Plus tard, on est allé plus loin encore, on a mesuré avec exactitude les distances qui nous séparent de la Lune, du Soleil, des planètes et des étoiles, malgré l'immensité de leur éloignement. Plus puissant encore dans sa conquête de l'univers, l'homme est parvenu à peser ces astres, aussi exactement que s'il pouvait les accrocher à l'anneau d'un dynamomètre, et à découvrir leur constitution physique et chimique. Et ainsi graduellement, insensiblement, la divine Uranie, reine de toutes les sciences, a placé la pensée humaine sur un trône d'où elle domine le chœur immense de la création universelle.

O nuits! déroulez en silence les pages du livre des cieux, comme l'a écrit le poète; sans vous, nous serions restés ignorants, habitant un monde inconnu, sans pouvoir jamais nous rendre compte de la grandeur et de la constitution de l'univers. Le même sort nous eût été réservé si, malgré la rotation de la Terre, l'atmosphère était restée brumeuse, ou couverte d'un plafond de nuages, comme il arrive si souvent. Et il s'en est peu fallu qu'il n'on fût ainsi. Un peu d'humidité dans l'air, un peu de fraîcheur, cela suffit pour faire un nuage. Notre planète eut pu rester enveloppée d'une atmosphère opaque, que les rayons des étoiles, de la Lune, du Soleil même n'auraient jamais percé. L'astronomie n'aurait pu naître, et la race humaine serait restée dans l'état primitif de l'huître attachée à son rocher sous la glauque enveloppe des eaux.

Fort heureusement pour le développement de la pensée humaine, la Terre n'a pas eu ce malheureux sort. Les nuits étoilées ont dévoilé leurs splendeurs. Les blanches clartés de la Lune ont versé sur les paysages leur mélancolique lumière. Les eaux des lacs et des mers ont réfléchi les beautés du ciel, après s'être assoupies sous le rayonnement rouge des couchers de soleil ; la nature entière s'est manifestée à l'homme par les grands spectacles du ciel et de la Terre, et la curiosité, la noble ambition de savoir, l'âpre désir de pénétrer les secrets de la création, ont conduit l'homme à inventer des instruments merveilleux, à les diriger vers les mystères inaccessibles du firmament, à créer ces observatoires que nous allons visiter et qui nous conduiront au ciel.

VI

L'ŒIL NOUVEAU DE L'HUMANITÉ

LES INSTRUMENTS D'OPTIQUE ET LES OBSERVATOIRES.

Nous admirons, avec raison, l'invention de la lunette d'approche, et pourtant nous pouvons être surpris qu'elle n'ait pas été faite plus tôt. Le verre est en usage depuis plus de trois mille ans. Je me souviens d'avoir remarqué au couvent de Saint-Lazare, des Arméniens, dans l'île de ce nom, près de Venise, une momie égyptienne datant de trois mille ans au moins, entièrement enveloppée d'un tissu de petites perles de verre bleu. Une remarque analogue m'a frappé dans les vestiges des ruines de Pompéi : c'est l'existence d'ustensiles de verre datant de plus de dix-huit siècles. On a trouvé dans les ruines de Ninive un cristal de quartz hexagone plano-convexe, dont la courbure a reçu sa forme sur une roue de lapidaire ou par quelque autre procédé analogue : c'était un ornement en forme de lentille. Voilà du verre qui date de plus de quatre mille ans. Aristophane, Pline, Sénèque, Plutarque, parlent du verre employé chez les Grecs et chez les Romains. Une plaisanterie d'Aristophane propose même, dans la comédie des *Nuées*, un moyen scientifique d'effacer les traces de ses dettes en concentrant les rayons solaires au moyen d'une boule de verre sur les assignations, que l'on pourrait effacer en fondant la cire des tablettes. Des miroirs analogues à ceux des télescopes étaient concaves du temps d'Archimède. Pline parle d'une émeraude taillée en verre concave qui servait de lorgnon à Néron pour regarder les jeux sanglants du cirque. Les besicles ont été inventées au treizième siècle. Et ce n'est qu'en 1590 que la première lunette d'approche a été construite (par Zacharie Jansen, fabricant de besicles, à Middelbourg), et ce n'est qu'en 1606 qu'elle a été mise dans le domaine public (par Hans Lipperhey, fabricant de besicles, également à Middelbourg).

Que le progrès est lent dans l'humanité!

L'ère de l'astronomie optique commence seulement en l'année 1609, où Galilée, ayant entendu parler de l'invention hollandaise, construisit en

Italie la première lunette qui ait été dirigée vers le ciel. Des révélations inattendues ne tardèrent pas à récompenser sa noble ambition les montagnes de la Lune, les taches du Soleil, les satellites de Jupiter, les phases de Vénus, les étoiles de la Voie lactée, se dévoilèrent à ses yeux émerveillés. Cette lunette a été religieusement conservée, et elle se trouve aujourd'hui à l'Académie de Florence, où j'ai eu le bonheur de la toucher de mes mains.

Nous n'éprouvons peut-être pas une reconnaissance aussi profonde qu'elle devrait l'être envers les hommes de travail qui, par leur efforts successifs, ont amené la science et l'art de l'optique aux perfectionnements actuels, malgré les résistances de toute nature que le progrès a toujours à subir et à vaincre; peut-être aussi ne regardons-nous pas avec toute l'admiration dont elle est vraiment digne, cette substance minérale de modeste apparence, qui s'appelle *le verre*. Mais elle est plus précieuse que l'or et le diamant, et son rôle dans l'histoire de l'humanité peut à peine être apprécié à sa véritable valeur. Sans le verre, la civilisation n'aurait pu d'abord s'avancer jusqu'en nos climats septentrionaux; car lui seul nous permet de vivre à l'abri du froid, du vent et des intempéries, tout en recevant la lumière du jour, la chaleur du soleil, et en contemplant la nature extérieure. C'est le verre

qui a fondé la physique expérimentale par le baro-
mètre et le thermomètre. C'est lui qui a donné
naissance aux deux nouveaux organes visuels de
l'humanité moderne : le microscope, qui nous a
découvert l'infiniment petit, et le télescope, qui
nous transporte dans l'infiniment grand. La science
presque tout entière est due aux services rendus par
ce sable fondu, par cette substance vitrifiée... Pure
et limpide substance! l'esprit du penseur te regarde avec sympathie, car tu as été plus bienfaisante
envers l'humanité et plus utile aux progrès des connaissances humaines que tous les conquérants et
monarques réunis.

Depuis Galiléo, la science et l'art de l'optique ont
été en se perfectionnant sans cesse, d'abord lentement pendant le XVIIᵉ siècle, un peu plus rapidement vers le milieu du XVIIIᵉ siècle, et avec des
progrès croissants depuis un demi-siècle surtout. Le
perfectionnement des instruments a littéralement
abaissé la hauteur des cieux à la portée de la vision humaine, ou pour mieux dire, puisque les
cieux ne sont qu'une apparence, ce perfectionnement rapproche les autres mondes de nos yeux
aussi exactement que si en réalité nous pouvions
corporellement quitter la Terre et nous transporter
vers ces mondes. Nous voyons à l'œil nu les planètes comme des étoiles, c'est-à-dire comme de

simples points lumineux, sans disque apparent. Un grossissement suffisant agrandit ce point lumineux et en fait un disque. Or, grossir un objet ou le rapprocher, c'est géométriquement la même chose. Ainsi un homme se tient debout dans la campagne au loin : à l'œil nu, nous ne distinguons qu'un point, mobile quand le voyageur se déplace; une lunette dirigée vers ce point le grossit dix fois, ce qui suffit pour que nous distinguions une forme humaine : c'est exactement comme si nous nous étions transportés vers le voyageur des neuf dixièmes de la distance qui nous en sépare. S'il était à 4 kilomètres, il est maintenant à 400 mètres. Un grossissement de vingt fois le rapprochera du double. c'est-à-dire à 200 mètres; un grossissement de quarante fois nous montrera le voyageur comme s'il n'était qu'à 100 mètres de nous. La vision est même alors plus nette pour les yeux myopes, qui ne distinguent que vaguement à une certaine distance.

On se formera une idée exacte et suffisante de ces premiers principes d'optique, si l'on réfléchit que la grandeur apparente des objets dépend de la distance à laquelle nous les voyons. Une règle d'un mètre, placée verticalement devant nous, nous paraîtra d'autant plus petite qu'elle sera plus éloignée, et sa dimension apparente décroîtra en raison directe de son éloignement : à 100 mètres, elle sera deux fois plus petite qu'à 50; à 200 mètres, elle paraîtra deux fois plus petite qu'à 100 et quatre fois plus petite que dans le premier cas. Si donc, à l'aide d'un moyen quelconque, on la montre du double plus grande, c'est comme si on l'avait rapprochée de moitié.

La distance moyenne de la Lune est de 384 000 kilomètres (elle varie un peu, parce que notre satellite ne décrit pas une circonférence parfaite autour de nous, mais une ellipse). Or, si à l'aide d'un instrument d'optique nous grossissons le disque lunaire de telle sorte qu'il nous paraisse deux fois plus large en diamètre qu'il nous paraît à l'œil nu, nous obtenons le même résultat, pour l'étude de ce globe, que si nous avions pu diminuer sa distance de moitié, c'est-à-dire que nous voyons alors la Lune comme si elle était à 192 000 kilomètres d'ici.

Un grossissement de cent fois montre par conséquent la Lune comme si elle était rapprochée à 3 840 kilomètres; un grossissement de mille fois comme si elle était à 384, et un grossissement de deux mille fois comme si elle n'était plus qu'à 192 kilomètres de nous. Un grossissement de dix mille fois la montrerait à 38 kilomètres seulement de distance!

Malheureusement, le grossissement des instru-

LA PLUS GRANDE LUNETTE DU MONDE.
(Observatoire du Mont Hamilton-Californie.)

ments d'optique a ses limites, intimement liées à la dimension et à la perfection de ces instruments eux-mêmes.

Les plus puissants instruments astronomiques actuels sont :

1° Le grand équatorial de l'Observatoire du mont Hamilton, près San-Francisco, en Californie, construit en 1887 ; sa lentille mesure 0^m,97 de diamètre, et sa longueur est de 15 mètres ; on peut lui appliquer des grossissements de 2 400.

2° Le grand équatorial de l'Observatoire de Nice, construit en 1887 ; sa lentille mesure 0^m,76 de diamètre, et sa longueur est de 18 mètres ; on peut lui appliquer des grossissements de 2 000.

3° Le grand équatorial de l'Observatoire de Poulkova, près Saint-Pétersbourg, pareil au précédent, et construit également en 1887.

4° Le grand télescope construit, en 1862, par M. Lassell, négociant anglais, l'un des meilleurs que l'on ait encore obtenus, dont le miroir mesure 1^m,22 de diamètre, et la longueur 11^m,40 : le constructeur de ce télescope s'en est servi pour faire de belles découvertes. Il est mort il y a quelques années, et son instrument est démonté. Cet instrument pouvait supporter des grossissements de 2000.

5° Le grand télescope de l'Observatoire de Melbourne, dont le miroir mesure, comme le précé-

LE GRAND TÉLESCOPE DE LASSELL

dent, 1ᵐ,22 de diamètre (4 pieds anglais), et dont la longueur est de 9 mètres, fonctionne depuis 1870 à Melbourne. Même pouvoir optique.

Remarquons, à ce propos, que les télescopes diffèrent des lunettes en ce qu'ils se composent essentiellement d'un miroir au lieu d'une lentille. Dans les lunettes, on regarde l'astre à travers une lentille. Dans les télescopes, on le regarde réfléchi dans un miroir. A dimensions égales, les télescopes sont inférieurs aux lunettes comme puissance optique. Nos lecteurs en auront une idée par les deux figures que nous reproduisons ici. La première (p. 73) représente le grand équatorial de l'Observatoire du mont Hamilton, et la seconde (p. 75) le grand télescope de Lassell.

Pour être d'un usage commode et pratique, les lunettes (et les télescopes aussi, d'ailleurs) sont montées de telle sorte qu'elles peuvent être dirigées vers quelque point du ciel que ce soit, et qu'un mouvement d'horlogerie les maintient sur l'astre observé, suivant le mouvement diurne de la sphère céleste. Nous avons vu, au chapitre précédent, que ce mouvement diurne apparent est dû à la rotation réelle de la Terre autour de son axe, et nous avons vu en même temps que ce mouvement s'effectue parallèlement à l'équateur. Les étoiles paraissent décrire chaque jour dans le ciel des cercles correspondant à nos cercles de latitude géographique. Ces cercles se nomment cercles de déclinaisons : ils sont parallèles à l'équateur céleste. Voilà pourquoi les instruments ainsi montés pour l'observation se nomment des *équatoriaux*.

La grande lentille d'une lunette s'appelle l'*ob-*

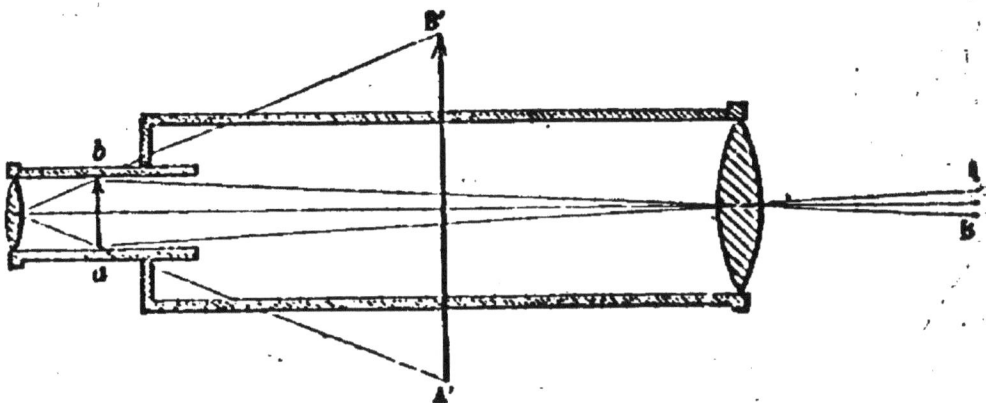

Fig. 18. — Théorie du grossissement d'une lunette dans sa plus simple expression.

jectif. La petite, près de laquelle se place l'œil, s'appelle l'*oculaire*.

Chacun peut s'intéresser un instant à la théorie des instruments d'optique. En voici l'application bien simple.

L'objectif placé à l'extrémité supérieure de la lunette est une lentille convexe. Les rayons venus de l'astre que l'on observe en AB (fig. 18) se croisent en traversant cette lentille, se prolongent dans la lunette et viennent former aux points *ab* une image renversée de l'astre AB. La petite lentille qui sert ici d'oculaire est placée de manière à amplifier cette image *ab*, et à la montrer à l'œil de l'observateur comme si elle s'étendait du point A' au point B'. L'astre AB paraît donc, en définitive, agrandi dans la proportion de la flèche A'B'.

Le point *ab*, où se forme l'image, est le *foyer* de l'objectif, et la distance qui s'étend de l'objectif jusque-là se nomme la *distance focale*.

La théorie du télescope diffère sensiblement de celle-ci.

Quoique, en vertu de son étymologie, le nom de *télescope*, qui signifie « voir de loin », ait été appliqué d'abord à tous les instruments destinés à l'observation des objets lointains, on a depuis longtemps consacré le nom de *lunettes* aux instruments formés en lentilles, et réservé celui de *télescopes* à ceux à miroirs. Cependant, aujourd'hui encore, en Angleterre, on désigne indifféremment les uns et les autres sous le nom de télescopes, et lorsqu'on en veut faire la différence, on nomme les premiers réfracteurs, et les seconds réflecteurs, désignations en rapport avec le jeu de rayons lumineux dans les deux cas. Les mots *télescopes*, *télescopiques*, sont d'ailleurs généralement employés dans les descriptions toutes les fois qu'il s'agit d'observations d'astres invisibles à l'œil nu.

Le *télescope* proprement dit a pour pièce essentielle, non une lentille de verre, mais un *miroir*. Ce miroir occupe la partie inférieure du télescope, c'est-à-dire celle où se place l'oculaire dans les lunettes. La partie supérieure du tube est libre. Il y a là, comme on voit, une différence essentielle de

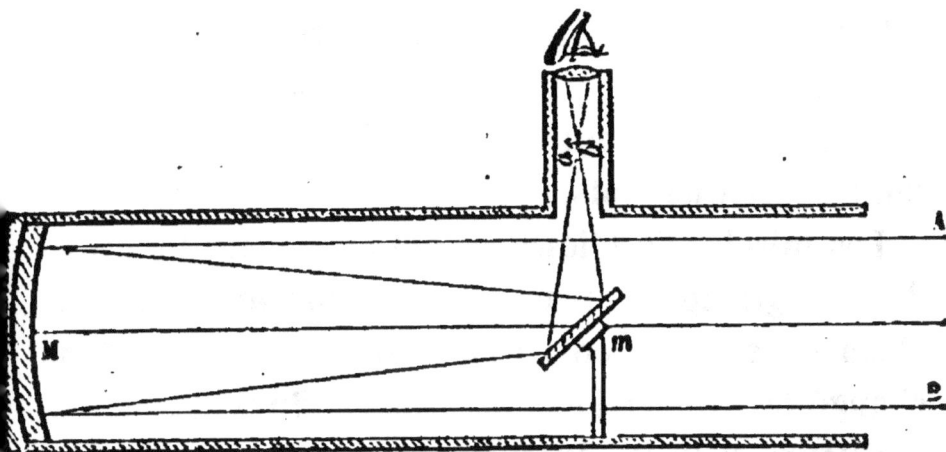

Fig. 19. — Théorie du télescope dans sa plus simple expression.

construction et de forme entre la lunette et le télescope.

On aura une idée exacte de la manière dont se comportent les images dans cet instrument par la figure précédente, qui représente la coupe théorique d'un télescope du système de Newton. Le *miroir* courbe M occupe le *fond* du tube; les rayons A et B, venus de l'astre qu'on observe, arrivent sur ce miroir, s'y réfléchissent, et sont renvoyés sur un petit miroir plan *m* placé dans l'intérieur du tube, ce petit miroir, incliné à 45 degrés, réfléchit à son tour les mêmes rayons vers un côté du tube, qui est ouvert en cet endroit, et où se place l'œil pour regarder l'image. Il y a là un oculaire qui l'amplifie.

Pour observer dans un télescope de cette construction, on ne se place donc pas à l'une des extrémités de l'instrument, comme pour les lunettes, mais *de côté*, ce qui paraît toujours surprenant aux personnes qui voient observer dans un télescope pour la première fois.

Les miroirs de télescopes ont été construits pendant longtemps d'un métal analogue au métal de cloches ; en différents essais, on a plusieurs fois changé les proportions de l'alliage afin d'obtenir la meilleure surface réfléchissante; mais ces miroirs métalliques étant d'un entretien assez difficile, on avait à peu près abandonné les télescopes lorsque l'opticien français Foucault les remit en honneur par la substitution du verre au métal, ce qui rend le travail plus facile et donne en même temps d'excellents résultats optiques.

La première idée du télescope se trouve dans un ouvrage publié à Lyon en 1652, par le père Zucchius, qui annonce que dès l'année 1616 il avait conçu le projet de cet instrument. Cependant ce n'est qu'en 1663 qu'on peut lire la description complète d'un télescope dû à un savant anglais, sir James Gregory. Dix ans plus tard, Newton, construisit le sien, dans un système différent du précédent. Plus d'un siècle après, William Hers-

Fig. 20. — L'Observatoire de Paris (façade du sud).

chel réussit à élever un véritable monument à l'Astronomie en construisant de ses propres mains le plus puissant instrument d'optique qui eût alors existé.

Les observatoires sont aujourd'hui munis d'ins-truments de toute nature, lunettes et télescopes, mécauiquement et optiquement organisés pour divers ordres d'études et de recherches. La lunette équatoriale est l'instrument dont on fait le plus constant usage. En raison de ses fonctions, elle est généralement abritée sous une coupole tournante, munie d'une trappe qui peut s'ouvrir dans toute la hauteur de la coupole et rester ouverte devant l'instrument dirigé vers un point quelconque du ciel. Notre figure 20 représente l'Observatoire de Paris, sur la terrasse duquel on voit plusieurs coupoles, dont deux très vastes abritent chacune un équatorial.

La qualité d'un instrument ne dépend pas seulement de ses dimensions. Sans doute, plus il est grand, plus il est puissant. Mais il faut avant tout que la courbure de l'objectif ou du miroir soit parfaite; il faut que l'image formée au foyer soit très nette. Les instruments que nous avons signalés tout à l'heure sont les plus puissants du monde et les meilleurs. Mais il en est d'autres, beaucoup moins grands, qui les égalent comme valeur optique. Ainsi, par exemple, il y a à l'Observatoire de Nice deux équatoriaux principaux : le premier a pour objectif une lentille de $0^m,76$, le second une de $0^m,38$, c'est-à-dire de moitié moins grande. J'ai observé dans les deux instruments : ils sont à peu près équivalents comme valeur optique. L'Observatoire de Milan possède un équatorial de $0^m,22$ de diamètre, si parfaitement réussi en tous points, qu'il a servi à faire des découvertes aussi difficiles que toutes celles qui ont été faites aux plus grands instruments. Mais n'oublions pas de remarquer que si l'excellence d'un instrument est une qualité précieuse, l'œil qui observe est en définitive la cause première de toute découverte. On peut souvent dire que : tant vaut l'homme, tant vaut l'instrument.

C'est aux merveilleuses inventions de l'art optique que la science est redevable des connaissances acquises, depuis un demi-siècle surtout, dans l'étude de l'univers. Mais c'est par-dessus tout aux facultés intellectuelles, au dévouement scientifique, à la persévérance et à l'énergie des astronomes laborieux qui consacrent leur vie à la recherche de la vérité et qui, continuant l'œuvre immense commencée depuis des milliers d'années, par leurs ancêtres scientifiques, ont graduellement élevé le niveau des connaissances humaines, et nous permettent aujourd'hui de vivre dans la contemplation des réalités célestes et dans la philosophie spiritualiste rationnelle conclue de l'analyse des lois et des forces qui régissent l'univers.

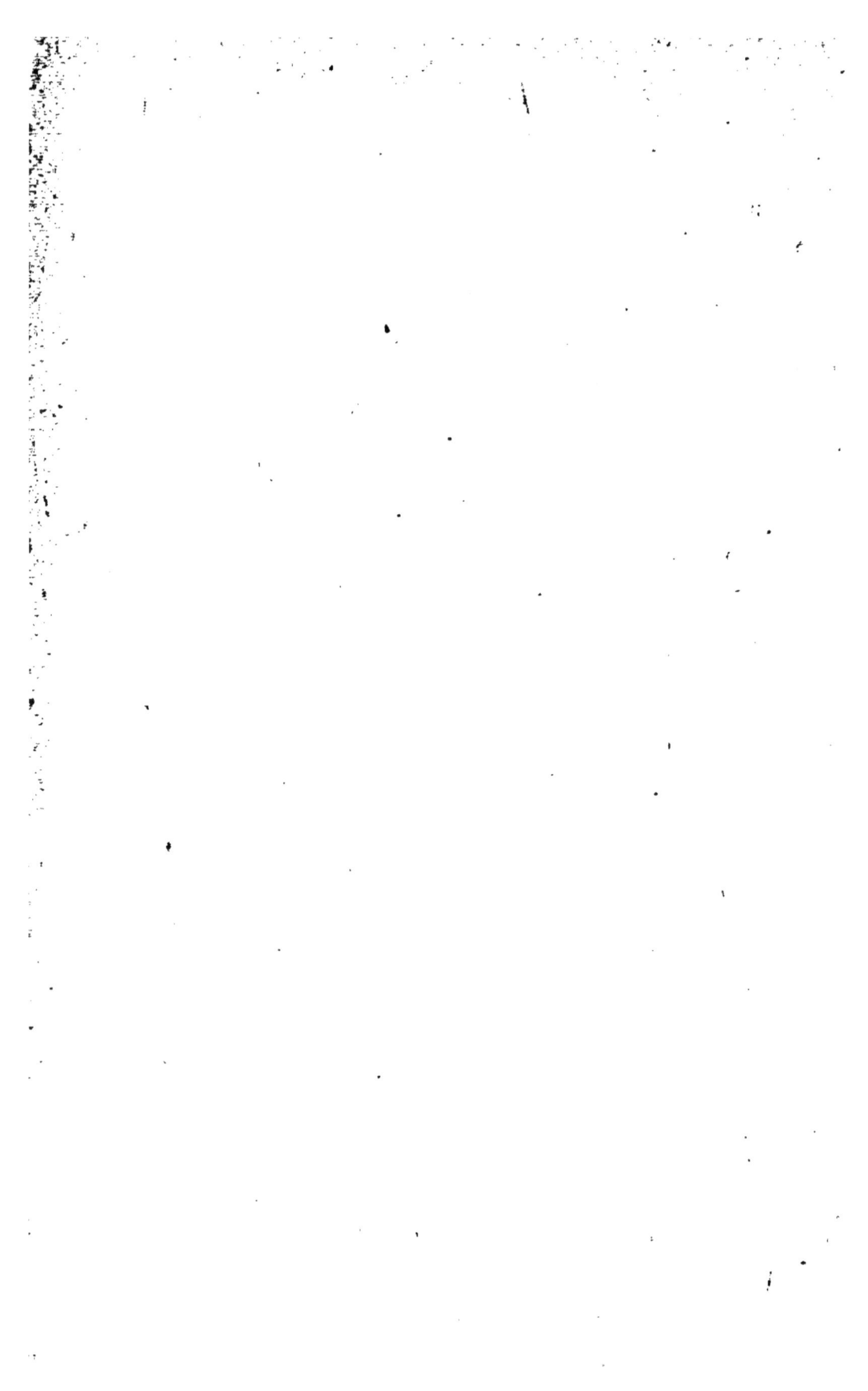

VII

LE SYSTÈME DU MONDE.

Les démonstrations exposées plus haut nous ont prouvé que la Terre où nous vivons est une planète tournant sur elle-même et circulant autour du Soleil.

Ce premier pas fait, le plus difficile et le plus important de tous, nous pouvons maintenant concevoir, sans illusion et sans arrière-pensée, la grandeur de l'univers, les distances qui séparent les mondes entre eux, et avant tout nous pouvons nous rendre compte de la situation précise de notre planète dans le système solaire, ainsi que des principes fondamentaux de la mécanique céleste.

Le Soleil trône au centre du système du monde et le chœur des planètes gravite harmoniquement autour de lui.

La Terre est la troisième des provinces du domaine solaire. Entre elle et le Soleil il y a Vénus et Mercure ; au delà d'elle, plus éloignés du Soleil, sont Mars, Jupiter, Saturne, Uranus et Neptune. Mais formons tout de suite ici le tableau du système solaire. Nous exprimerons les distances en lieues de 4 kilomètres, parce que les nombres quatre fois plus petits sont plus faciles à retenir.

Esquisse du Système solaire.

Planètes.	Distances au Soleil en millions de lieues.	Durée des révolutions.
Mercure.............	15	88 jours.
Vénus.............	27	225 —
La Terre.........	37	365 1/4
Mars	56	1 an 322 jours.
Petites planètes....	de 70 à 160	de 3 à 7 ans.
Jupiter	192	11 ans 315 jours.
Saturne...........	335	29 — 176 —
Uranus.........	710	84 — 87 —
Neptune.........	1110	164 — 281 —

Nous avons là une première esquisse, aussi simple que possible, de la disposition des planètes et de leurs distances respectives. On peut, pour plus de facilité, remarquer qu'elles se partagent naturellement en deux groupes de quatre, séparées par la région des planètes télescopiques. Les quatre premières sont relativement petites ; les quatre dernières sont énormes. Elles circulent toutes dans le

même sens, à ces distances-là, autour du Soleil qui
reste relativement fixe au centre de toutes ces orbites ; la plus rapprochée, Mercure, n'emploie que
88 jours pour parcourir son orbite, tandis que la
plus éloignée, Neptune, emploie près de 165 de nos
années. Les différences entre les durées des révolutions des planètes selon leur éloignement du centre
solaire ne viennent pas seulement de ce qu'étant
plus éloignées, elle ont plus de chemin à parcourir
pour accomplir leur translation, mais encore de ce
qu'elles voguent de plus en plus lentement suivant
leurs distances, parce que la force solaire est de
moins en moins intense à mesure qu'on s'éloigne du
corps central ; et c'est là un des principes essentiels
de la mécanique céleste.

Pour le bien concevoir, il faut essayer de nous
représenter le Soleil dans sa grandeur et dans sa
puissance. Et d'abord, nous formons-nous une idée
bien exacte de ces 37 *millions* de lieues qui nous en
séparent ? Trente-sept fois quatre millions de kilomètres ! Supposons en imagination une voie d'ici
au Soleil. Eh bien ! un train express voyageant à la
vitesse constante de soixante kilomètres par heure,
sans s'arrêter jamais, n'arriverait à sa destination
que dans 149 millions de minutes, ou 103 472 jours,
ou dans 283 ans. Bien des générations humaines
se succéderaient durant ce long voyage, car ce ne

scrait guère que la quatorzième qui pourrait rapporter le récit de ce que la septième aurait vu !

Pour que le Soleil, malgré sa prodigieuse distance, nous paraisse encore aussi grand que nous le voyons, il faut que ses dimensions vraies soient réellement colossales. Le globe solaire a, en effet, un diamètre qui n'est pas moindre de *cent huit* fois le diamètre de la Terre.

Imaginons, posé dans le vide, ce globe énorme, colossal, 108 fois plus large que notre monde! Mais nous l'imaginer est véritablement impossible. Un pareil monde offre un diamètre de 345 000 lieues et une circonférence de plus de un million de lieues : comment le mesurer, même par la pensée? Sa surface surpasse de douze mille fois la surface de la Terre entière. Son volume est 1 280 000 fois plus gros que celui de la Terre! Il faudrait plus d'un million de planètes comme celle que nous habitons pour former un volume de la dimension du Soleil!

(Le meilleur moyen de juger de cette dimension est d'examiner avec attention la figure de la page 97.)

Ce corps gigantesque a été pesé par les astronomes de la Terre, aussi bien qu'il a été mesuré, et nous savons aujourd'hui qu'il est 324 000 fois plus lourd que notre planète. En le plaçant en imagination sur le plateau d'une balance, il faudrait pla-

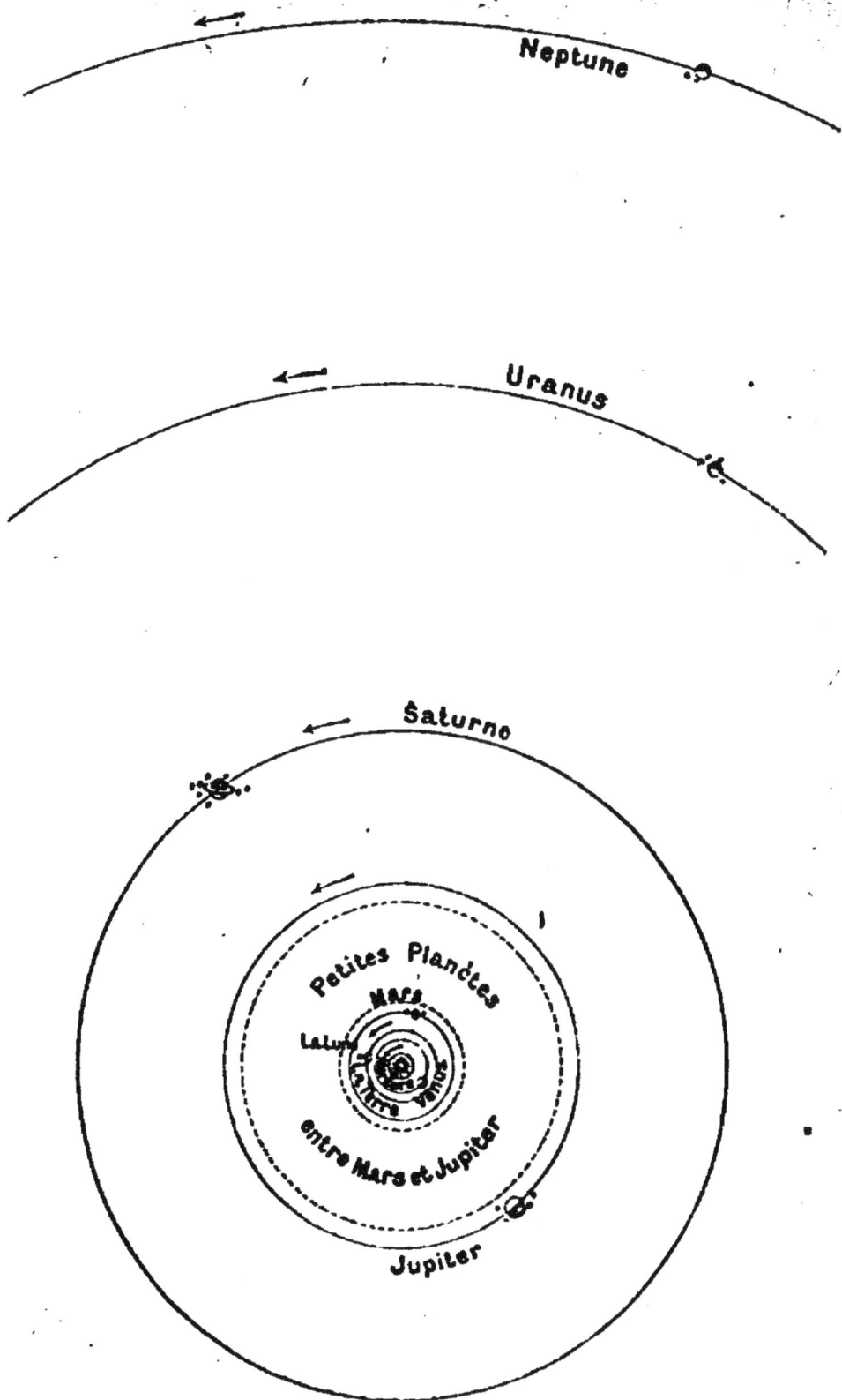

Neptune

Uranus

Saturne

Petites Planètes

Mars

Lune

Terre Vénus

entre Mars et Jupiter

Jupiter

PLAN DU SYSTÈME SOLAIRE.

cer de même 324 000 terres sur l'autre plateau pour lui faire équilibre. Ce poids fabuleux représente 1 879 *octillions* de kilogrammes, ci :

$$1\,879\,000\,000\,000\,000\,000\,000\,000\,000\,000.$$

L'une des premières lois de la nature, est la loi de l'*attraction universelle*. Tous les corps s'attirent dans l'univers, et ils s'attirent avec d'autant plus de force qu'ils contiennent plus de masse en eux-mêmes. L'attraction est en raison directe de la masse ou du poids des corps. Le Soleil étant 324 000 fois plus lourd que la Terre, il attire la Terre vers lui avec une énergie 324 000 plus puissante que celle avec laquelle la Terre l'attire. Si notre globe avait le poids de l'astre du jour, il attirerait les objets de sa surface dans cette proportion; c'est-à-dire qu'il nous serait absolument impossible d'y remuer : 1 kilogramme y pèserait 310 000 kilogs !

Cette attraction décroît à mesure que la distance augmente.

A la surface du Soleil, qui est 108 fois plus éloigné du centre de cet astre que la surface de la Terre n'est éloignée de son propre centre, l'attraction solaire est diminuée dans la proportion de cette distance multipliée par elle-même, de ce qu'elle serait si le Soleil n'était pas plus gros que notre globe. Les objets n'y sont donc pas attirés 324 000 fois plus

fortement qu'ici; mais ils y sont attirés seulement
27 fois plus : ce qui est encore effrayant. En effet,
un kilogramme terrestre transporté sur cet astre y
pèserait 27 kilogr.; un homme ordinaire y pèserait
deux mille kilogr., et non seulement serait incapa-
ble de soutenir son propre poids, mais serait immédiatement aplati en un nombre indéfini de particules, comme s'il était pilé, broyé dans un mortier!
Un objet qui tombe d'une certaine hauteur y parcourt 131 mètres dans la première seconde de chute :
quelle violence d'attraction! quelle effroyable énergie concentrée dans ce colossal foyer! Le Soleil pèse
à lui seul sept cent fois plus que toutes les planètes,
tous les satellites, toutes les comètes, tous les astros
de son système réunis!

C'est cette force prodigieuse qui fait mouvoir tout
le système. De même que la main qui tient la
fronde fait tourner la pierre avec une vitesse dé-
pendante de son énergie, de même la vitesse des
planètes sur leurs orbites donne la mesure de l'é-
nergie du Soleil. Situé au centre des orbites planétaires, l'astre radieux est à la fois la main qui les
soutient et les dirige dans l'espace, le foyer qui les
échauffe, le flambeau qui les éclaire, la source iné-
puisée de leur vie et de leur beauté. Il est véritablement le cœur de cet organisme gigantesque qui ne
vit que par lui, et ses battements vivificateurs pro-

jettent au loin sur tous ces mondes la fécondité qui
les anime. En les faisant tourner autour de lui, il
imprime à chacun d'eux un mouvement propor-
tionné à la distance, mouvement nécessaire et suffisant pour les maintenir perpétuellement en équilibre, car le mouvement de chaque planète est juste
celui qui convient pour l'empêcher à la fois de tomber vers le Soleil ou de s'éloigner de lui. Un peu
plus lent, il ne serait pas assez rapide pour créer
une force centrifuge égale à l'attraction vers le centre, et la planète se rapprocherait du Soleil pour
tomber insensiblement sur lui en décrivant des spirales de plus en plus resserrées; un peu plus rapide,
il développerait une force centrifuge trop grande, et
les planètes s'en iraient, s'éloignant sans cesse suivant des spirales de plus en plus agrandies. Mais
cela ne peut être. Les planètes, filles du Soleil, ont
été successivement abandonnées par l'équateur de
la nébuleuse solaire tournant sur elle-même, et ont
conservé la force vive qui leur a donné naissance.
Elles continuent d'obéir ponctuellement à leur père
céleste, et restent sous sa domination immédiate.
Les forces sont invariables; les lois immuables.
L'état du système solaire est nécessairement tel que
le Soleil le fait et l'entretient. Si le Soleil était deux
fois plus lourd, il serait deux fois plus fort, les planètes tourneraient plus vite, et nos années seraient

plus courtes. S'il était moins lourd, au contraire, la Terre et les autres planètes vogueraient avec une vitesse moindre et nos années seraient plus longues. Aussi tout est réglé par la force même du Soleil.

Les planètes ne décrivent pas autour du Soleil des orbites circulaires, mais des ellipses, peu allongées d'ailleurs. L'astronome KÉPLER, en découvrant les lois qui les régissent, les a formulées dans les termes suivants :

1° *Les planètes tournent autour du Soleil en décrivant des ellipses, dont cet astre occupe un des foyers.*

2° *Les aires ou surfaces décrites par les rayons vecteurs des orbites sont proportionnelles aux temps employés à les parcourir.*

Considérons une même planète à diverses époques de sa révolution, et supposons qu'on marque sur son orbite (*fig.* 22) autant d'arcs, AB, CD, EF... parcourus par la planète en des temps égaux, soit par mois, ou, plus exactement, par période de trente jours.

La vitesse de la planète varie suivant les positions qu'elle occupe le long de son orbite. Elle suit un cours moyen lorsqu'elle se trouve à sa distance moyenne AB. Lorsqu'elle est proche du Soleil, vers les positions CD, sa vitesse est accélérée. Lorsqu'elle

on est éloignée, comme aux positions EF, elle
marche beaucoup plus lentement. Ainsi le mouvement de la Terre sur son orbite n'est pas uniforme;
elle vogue beaucoup plus vite lorsqu'elle est à son
périhélie (janvier) que lorsqu'elle est à son aphélie

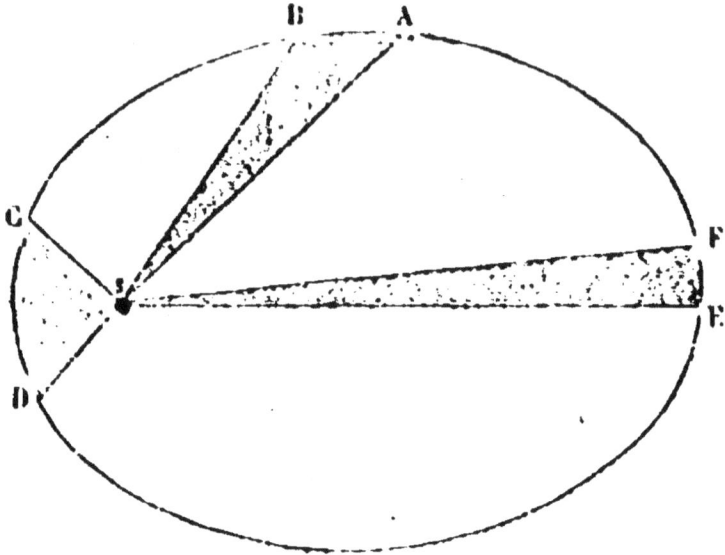

Fig. 22. — Explication des mouvements des planètes.
Loi des aires.

(juillet). Les arcs parcourus dans un même temps
sont d'autant plus petits que la planète est plus éloignée. Mais les *surfaces* comprises entre les lignes
menées du Soleil aux deux extrémités des arcs
parcourus en temps égaux sont *égales* entre elles.
C'est là un fait remarquable. Ainsi la Terre met
autant de temps pour se transporter de E à F que

pour aller de C à D, quoique le premier arc soit beaucoup plus petit que le second. On appelle *rayons vecteurs* les lignes telles que SE, SF, SA, SB, etc., menées du Soleil à la planète en ses différentes positions. Les surfaces balayées par ces rayons vecteurs sont proportionnelles aux temps employés à les parcourir : deux, trois, quatre fois plus étendues, si l'on envisage un intervalle de temps, deux, trois, quatre fois plus long. Si l'on traçait la figure 22 sur un carton et qu'on découpât les secteurs, les trois morceaux devraient avoir le même poids.

La troisième proposition fondamentale est celle-ci. Il importe aussi de la connaître pour se représenter exactement ces mouvements :

3° *Les carrés des temps des révolutions des planètes autour du Soleil sont entre eux comme les cubes des distances.*

Cette loi est la plus importante de toutes, parce qu'elle rattache toutes les planètes entre elles.

La révolution est d'autant plus longue, que la distance est plus grande ou que l'orbite a un plus grand diamètre. L'ordre des planètes, en commençant par le Soleil, est le même, que nous les rangions selon leurs distances, ou selon le temps qu'elles emploient à accomplir leurs révolutions. Mais le rapport entre les deux séries n'est pas un simple accroissement *proportionnel :* les révolutions s'accroissent plus vite que les distances.

Ainsi, par exemple, Neptune est trente fois plus
éloigné du Soleil que nous. En multipliant deux
fois le chiffre 30 par lui-même, on trouve le nombre 27 000. Or, sa révolution est de 165 ans, et ce
chiffre de 165 multiplié une fois par lui-même reproduit aussi 27 000 (en nombre rond : pour obtenir le chiffre précis, il faudrait considérer les fractions, car la révolution de Neptune n'est pas juste
de 165 ans). Il en est de même pour toutes les
planètes, tous les satellites, tous les corps célestes.

Ainsi sont réglées les révolutions des planètes autour du Soleil suivant leurs distances. Plus les
mondes sont éloignés, moins rapidement ils se
meuvent, et cela suivant une proportion mathématique.

A ces trois lois, qui portent à juste titre le nom
de Képler qui les a découvertes, nous pouvons
ajouter ici une quatrième proposition qui les complète et les explique : la loi de l'attraction ou gravitation universelle, découverte par NEWTON après les
travaux de Képler.

La matière attire la matière, en raison directe des
masses et en raison inverse du carré des distances,
c'est-à-dire de la distance multipliée par elle-
même. Si la distance est double, l'attraction est

SOLEIL

Jupiter	Saturne	Uranus	Neptune	Terre
♃	♄	♅	♆	⊕

GRANDEURS COMPARÉES DU SOLEIL ET DES PLANÈTES.

quatre fois moins forte ; si elle est triple, l'attraction
est neuf fois plus faible.

Si l'on se représente aussi exactement que possible cette situation du globe solaire au centre des
mouvements planétaires, l'immense masse de cet
astre, l'attraction qui en émane et qui soutient les
mondes autour de lui, comme sur un invisible réseau, et les translations des planètes conformément
aux distances, on possède une notion claire et vivante de la réalité, et l'on oublie pour toujours
l'illusion de la croyance à l'immobilité de la Terre
au centre du monde, et les craintes enfantines que
l'on pouvait ressentir en songeant qu'elle n'est
portée sur rien et que peut-être elle pourrait tomber ! On se sent voguer dans le ciel ; on est déjà
élevé au-dessus des idées vulgaires ; on devient digne de comprendre les grandeurs de l'univers et les
beautés de la création.

La diminution de la force solaire, avec la distance, dont nous venons de parler, produit une
diminution corrélative dans la vitesse des planètes
sur leurs orbites, à mesure que nous nous éloi-
gnons du centre. Tandis que la Terre où nous
sommes vogue en raison de 29500 mètres par seconde, la vitesse de Mercure est de 47000 kilomètres, et celle de Neptune n'est plus que de
5000 mètres.

Malgré ces différences, c'est là pour toutes les planètes une rapidité si prodigieuse que si deux mondes animés d'un pareil mouvement se rencontraient dans leur cours, le choc serait inimaginable : non seulement ils seraient brisés en morceaux, réduits en poudre, l'un et l'autre, mais encore, leur mouvement se transformant en chaleur, ils seraient subitement élevés à un tel degré de température qu'ils disparaîtraient en vapeur, tout entiers, terres, pierres, eaux, plantes, .habitants, et formeraient une immense nébuleuse !

Ajoutons que plusieurs planètes sont accompagnées dans leur cours de satellites tournant autour d'elles comme elles tournent autour du Soleil. La Terre est accompagnée de la Lune, qui accomplit sa révolution en 27 jours; Mars est accompagné de deux satellites, Jupiter de quatre, Saturne de huit, Uranus de quatre et Neptune de un au moins. L'esprit qui veut concevoir le système du monde dans sa réalité doit donc voir devant lui : le Soleil, globe colossal, situé au centre, et tournant sur lui-même en 26 jours; — les planètes tournant dans le même sens que la rotation du Soleil et situées à peu près dans le prolongement du plan de son équateur; — les satellites tournant aussi dans le même sens autour de leurs planètes respectives; — et les comètes décrivant des orbites non pas circulaires, mais très allongées, lancées dans toutes les directions, et courant dans tous les sens entre les orbites planétaires. Tout cet ensemble, qui forme l'immense famille du Soleil, est, en même temps que les révolutions précédentes s'accomplissent, transporté tout d'une pièce par le Soleil même à travers l'espace, emporté vers la constellation d'Hercule, région étoilée au sein de laquelle nous arriverons dans un certain nombre de siècles.

Les différences de grandeurs et de poids des globes principaux qui composent notre système solaire s'apprécieront par le petit tableau suivant, dans lequel la Terre est prise pour unité. Les astres sont inscrits par ordre décroissant.

Grandeurs et Masses comparées.

	Diamètres.	Volumes.	Masses.
Le Soleil. . .	108,5	1280000	321000
Jupiter. . . .	11,1	1279	309
Saturne. . . .	9,3	719	92
Uranus. . . .	4,2	69	11
Neptune . . .	3,8	55	16
La Terre. . .	1,0	1	1
Vénus.	0,99	0,87	0,79
Mars	0,53	0,16	0,11
Mercure . . .	0,37	0,05	0,07
La Lune . . .	0,27	0,02	0,01 ·

Ainsi, tandis que le diamètre du Soleil est 108 ½ fois plus grand que celui de la Terre, le diamètre de la Lune n'est que les 27 centièmes du nôtre, ou un peu plus du quart seulement ; tandis que le volume du Soleil est 1 280 000 fois plus gros que celui de la Terre, le volume de la Lune n'équivaut qu'aux 2 centièmes du nôtre, ou au cinquantième (plus précisément au 49ᵉ) ; et tandis que le Soleil pèse 324 000 fois plus que la Terre, le poids de la Lune n'est, en nombre rond, que le centième du nôtre et même pas (en tenant compte des fractions, le 81ᵉ). On voit par ce petit tableau qu'il y a quatre planètes plus grosses et plus lourdes que la Terre. La figure comparative que l'on a vue plus haut (p. 97) indique exactement la grandeur relative du Soleil et des planètes : la Terre mesure 0ᵐᵐ,7 de diamètre et le Soleil 75ᵐᵐ. La figure de la page 89 a montré, d'autre part, le plan du système solaire. Cette double appréciation complète la conception générale exacte qu'il importait que nous eussions de la situation de la Terre dans la famille du Soleil, et de l'état de cette famille elle-même.

VIII

LE SOLEIL

Nous venons déjà de faire connaissance avec l'astre du jour, avec le foyer de la lumière, de la chaleur, de l'attraction, qui régissent et fécondent le système du monde. Nous savons que cet astre immense est 108 fois et demie plus large que la Terre en diamètre, 1 280 000 fois plus gros en volume et 324 000 plus lourd. Pénétrons maintenant plus intimement dans l'étude de sa nature et essayons de connaître sa constitution physique.

Cette colossale fournaise brûle d'un feu qui nous paraît éternel, parce que notre vie est courte, et que la durée du Soleil se compte par millions d'années. Mais elle s'est allumée, cette fournaise, et elle s'éteindra. A quoi est-elle due? Comment s'entretient-elle? Si le Soleil était composé de charbon de terre massif brûlant dans l'oxygène pur, il ne pourrait brûler pendant plus de six mille ans sans être entièrement consumé : il serait donc éteint depuis l'origine des temps historiques. Trois causes principales paraissent en jeu pour entretenir cette chaleur : la contraction du globe solaire, la chute des météores à sa surface, et la production de calorique causée par des combinaisons chimiques. La première cause doit être la plus importante. On connaît l'équivalent mécanique de la chaleur. Tout corps qui tombe et qui est arrêté dans sa chute produit une certaine quantité de chaleur, et la quantité de chaleur produite est la même, que le corps soit arrêté brusquement, ou successivement ralenti par des résistances. Si, comme il est probable, le globe solaire est le résultat de la condensation d'une immense nébuleuse qui s'étendait primitivement au delà de l'orbite de Neptune, la chute des molécules à la concentration actuelle a fourni environ 18 000 000 de fois autant de chaleur que le Soleil en donne par an (Thomson). Il en résulterait que le Soleil aurait environ 18 millions d'années de rayonnement actuel; mais pendant toute la durée de sa condensation, il était incomparablement plus vaste et rayonnait autrement. D'autre part, étant donné que ce soit la seule source de la chaleur solaire, cet astre continuant de se condenser, serait réduit à la moitié de son diamètre actuel dans cinq millions d'années au plus tard, et comme, à cette dimension, il aurait huit fois sa densité actuelle, il deviendrait liquide,

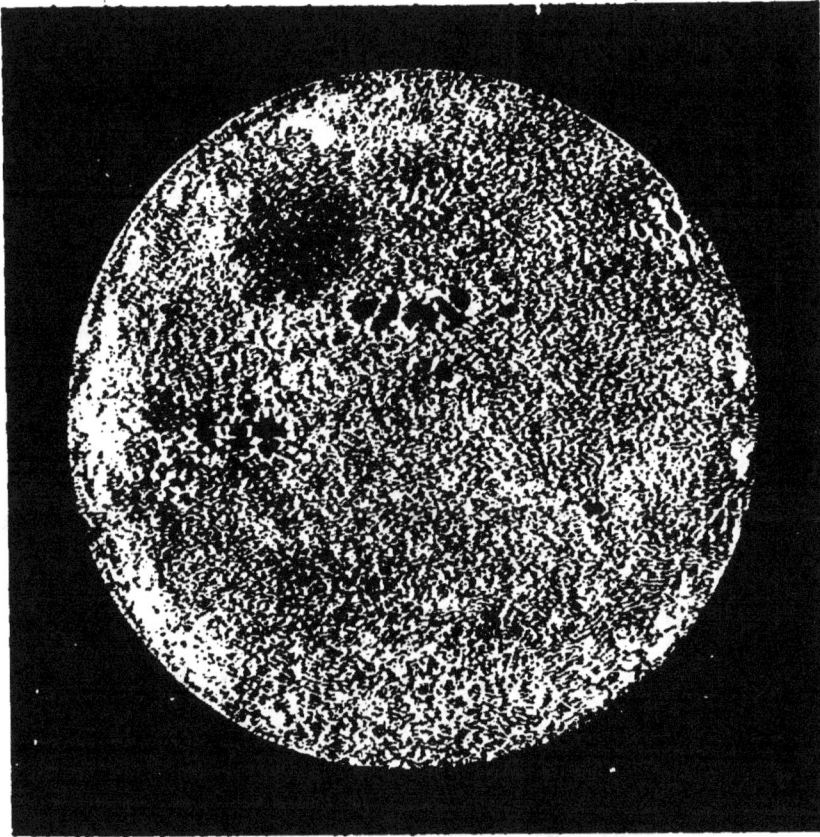

Fig. 24. — Le Soleil et ses taches.

et sa température commencerait à décroître, de telle sorte que dans dix millions d'années environ sa chaleur ne serait plus suffisante pour entretenir un état de vie analogue à celui qui existe actuellement. La vie totale du Soleil comme astre lumineux ne surpasserait pas, dans cette hypothèse, trente millions d'années.

A cette chaleur due à la condensation s'ajoutent les effets produits par la chute perpétuelle d'un grand nombre de matériaux cosmiques à la surface de l'astre du jour.

La chaleur émise par le Soleil *à chaque seconde* est égale à celle qui résulterait de la combustion de onze quatrillions six cent mille milliards de tonnes de charbon de terre brûlant ensemble!

Cette chaleur rayonne tout autour de l'astre éblouissant, dans toutes les directions. La Terre, globe minuscule errant à 149 millions de kilomètres de distance, ne reçoit qu'une fraction extrêmement faible de cette quantité. Si l'on imagine autour du Soleil, à la distance de la Terre, une sphère creuse au centre de laquelle brillerait l'astre radieux, la surface de cette sphère est deux milliards de fois plus vaste que la section interceptée par notre globe. Notre planète n'arrête donc au passage, et n'utilise pour ses habitants, que la demi-milliardième partie du rayonnement total du Soleil!

Pour concevoir l'état de la surface solaire, nous pourrions la comparer à celle d'un bol de punch en flammes, mais à la condition de concevoir en même temps que cette surface est plus brûlante que la fonte en fusion et plus éblouissante que la lumière électrique, et que ces flammes mesurent cent, deux cent et trois cent mille kilomètres de hauteur!

Cette surface n'est pas unie, homogène ; elle n'est pas partout du même éclat. Imaginons l'Océan Atlantique en feu, et concevons que cet océan recouvre un globe 1 280 000 fois plus volumineux que la Terre. Cette surface liquide, mobile, agitée par les vagues d'un éternel mouvement, est une surface de feu liquide. Ses vagues, ou pour mieux dire les crêtes de ces vagues, sont éblouissantes de blancheur, et le fond est un peu moins éclatant. Vue au téléscope, la surface du Soleil se compose de grains lumineux juxtaposés ressortant sur un fond moins clair. C'est comme un réseau. Les grains de cette granulation sont des vagues de feu blanc mesurant deux et trois cents kilomètres de longueur, parfois mille, deux mille kilomètres et davantage.

Il se forme assez souvent dans ce réseau des taches, ouvertures sombres plus ou moins vastes, mesurant depuis quelques milliers de kilomètres de diamètre jusqu'à cent mille et même parfois davantage. Pour donner une idée de l'aspect de ces taches, nous reproduisons ici (fig. 25) l'une des plus remarquables qui aient été observées et dessinées, celle du 14 octobre 1883 : elle était sept fois plus large que la Terre et visible à l'œil nu, mesurant 89 000 kilomètres de diamètre.

En général, les taches du Soleil sont visibles dans les plus petites lunettes, et tout le monde peut les voir. Le point le plus important est de munir l'oculaire d'un verre noir ou bleu foncé. On peut aussi les voir en recevant l'image de l'astre sur une feuille de papier tenue à quelque distance de l'oculaire.

Lorsqu'il y a de belles taches sur le Soleil, il suffit de l'observer pendant quelques jours pour constater que ces taches changent de place. Elles sont emportées par la rotation de l'astre, qui fait un tour sur lui-même en 26 jours environ. Cette rotation de la surface visible n'est pas la même pour tout le globe solaire : elle est plus rapide à l'équateur et diminue avec la latitude, ce qui prouve aussi que cette surface du globe solaire n'est pas solide. La rotation est de 25 jours 4 heures à l'équateur, de 25 jours 12 heures au 15e degré de latitude, de 26 jours au 25e degré, de 27 jours au 38e, de 28 jours au 48e. On n'a pu suivre de taches plus loin, car elles se forment en général le long de deux bandes plus ou moins larges, de part et d'autre de l'équateur, mais la théorie indique que la diminution de la rotation se continue jusqu'aux pôles, et les procédés de l'analyse spectrale l'ont récemment constaté.

Par suite de cette rotation, on voit les taches ar-

river par le bord oriental du Soleil, s'avancer graduellement jusqu'au méridien central, qu'elles
atteignent au bout de sept jours, et continuer leur

Fig. 25. — Type de tache solaire (11 octobre 1883).

cours pour aller disparaître au bord occidental après
sept autres jours. Quatorze jours après cette disparition, on voit la tache revenir au bord oriental, à
moins qu'elle ne se soit détruite dans l'intervalle,

ce qui arrive le plus souvent. En général, les taches solaires ne durent que quelques semaines. On en a vu pourtant durer pendant quatre et cinq rotations solaires.

La rotation apparente du Soleil est de 27 jours et demi, parce que pendant la durée de la rotation réelle, la Terre a tourné autour de lui d'un quatorzième d'année environ, dans le même sens que la rotation solaire, de telle sorte qu'un observateur placé sur la Terre voit une tache pendant plus long-temps que si notre planète était en repos. C'est une différence analogue à celle que nous avons remarquée entre la durée du jour et celle de la rotation de la Terre (fig. 15, p. 59). Nous ferons une remarque du même genre à propos de la révolution de la Lune et de la durée du mois lunaire.

Nous parlions tout à l'heure des flammes du Soleil, et nous comparions la surface de l'astre radieux à un océan de punch brûlant. En effet, au-dessus de l'océan mobile dont nous venons de parler et qui a reçu le nom de *photosphère* ou sphère de lumière (c'est le Soleil tel qu'on le voit à l'œil nu), au-dessus de cette surface éblouissante s'étend une mince nappe de gaz rose, nappe de feu de dix à quinze mille kilomètres d'épaisseur seulement. Cette atmosphère de gaz rose brûlant a reçu le nom de *chromosphère* ou sphère colorée. Cette chromosphère est composée de gaz élevé à un degré de température inimaginable. L'hydrogène y brûle constamment, au milieu de vapeurs de fer, de magnésium, de sodium et d'un grand nombre d'autres métaux. L'activité comburante y est si effroyable que les éléments y sont, non pas associés, mais dissociés. L'hydrogène et l'oxygène, par exemple, ne peuvent pas s'y combiner comme en notre monde pour former de l'eau, même à l'état de vapeur, leurs molécules se repoussent, et il en est de même de tous les éléments, l'ardeur de la fournaise séparant, isolant pour ainsi dire, les atomes les uns des autres.

C'est de cette nappe de feu rose transparent que s'élèvent les flammes du Soleil, éruptions et explosions formidables devant lesquelles nos volcans sont d'humbles et froides taupinières. Un creuset de fonte en fusion versé sur le soleil serait une douche de neige et de glace. On a vu des éruptions solaires s'élancer en quelques minutes à cent mille kilomètres de hauteur et retomber ensuite en pluie de feu sur l'océan incandescent dont le feu ne s'éteint jamais.

De même que nous avons reproduit un type de ache solaire remarquable, de même il est intéressant de mettre sous les yeux de nos lecteurs une observation précise de ces curieuses flammes solaires. Celle que nous reproduisons ici (fig. 26) a été observée le 30 janvier 1885. Elle mesurait 228000 kilomètres de hauteur, 18 fois le diamètre de la Terre.

Les taches solaires s'observent directement à l'aide des lunettes astronomiques. Les flammes, appelées aussi protubérances, sont si transparentes, quoique légèrement . rosées, que la splendeur du Soleil les éclipse perpétuellement. Pour les découvrir on se sert du spectroscope, instrument formé d'un prisme et d'une petite lunette. On dirige cette lunette prismatique juste au bord du Soleil, sans toucher ce bord · lui-même, qui effacerait tout par son éclat, et on aperçoit ces flammes légères qui partent dans tous les sens, affectent les formes les plus bizarres, et flottent même parfois dans l'atmosphère solaire comme de légers nuages de lumière.

Ces manifestations de l'activité solaire sont variables et soumises à une curieuse loi de périodicité. En certaines années, l'astre se montre couvert de taches énormes, agité de violentes tempêtes, hérissé de flammes gigantesques. En d'autres années, au contraire, on le voit calme, tranquille, comme s'il se reposait et reprenait de nouvelles forces pour les agitations futures. Le plus curieux encore est que ces variations sont soumises à une certaine régularité, à un certain ordro. Un maximum do taches et d'éruptions arrivo

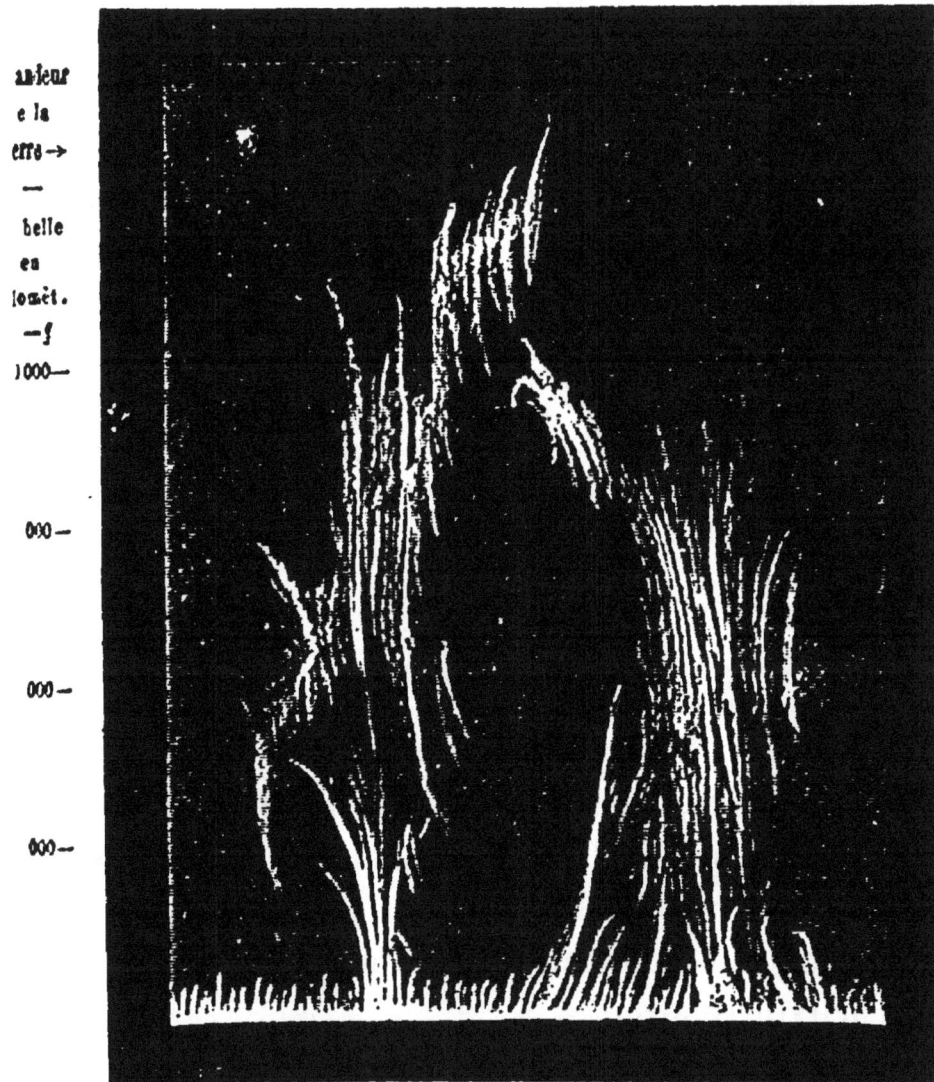

Fig. 26. — Flamme solaire de 228000 kilomètres de hauteur (18 fois le diamètre de la Terre), 30 janvier 1885.

tous les onze ans environ, un minimum un peu après lo milieu de l'intervallo. Ainsi le dernier maximum est arrivé en 1883, vers la fin de l'année, ce qu'on exprime en décimales, par le chiffre 1883,9. Le maximum précédent était arrivé en 1870,9; les précédents en 1859,7 et 1847,8. Le dernier minimum est arrivé en 1889,1. Les précédents étaient arrivés en 1878,9, 1867,0 et 1856,2. Nous avons donc :

Périodicité des taches solaires.

Maxima.	Minima.	PÉRIODES	
		des maxima.	des minima.
1847,8	1856,2		
1859,7	1867,0	11 ans,9	10 ans,8
1870,9	1878,9	11 ans,2	11 ans,9
1883,9	1889,9	13 ans,0	11 ans,0

Cette périodicité est bien remarquable. Ce qui ne l'est pas moins, c'est que le magnétisme terrestre, les mouvements de l'aiguille aimantée et les aurores boréales, manifestent une périodicité analogue, correspondant exactement à celle des fluctuations de l'activité solaire [1].

Le Soleil régit les destinées de la Terre. Notre vie, celle de tous les animaux, celle de toutes les plantes, est suspendue à ses rayons. Le jour où il

---

[1] Le cadre de ce petit livre nous empêche d'en donner les détails. On les trouvera dans notre *Astronomie populaire*.

s'éteindra, notre planète refroidie sera devenue un morne cimetière, roulant ses restes glacés dans les profondeurs d'une éternelle nuit.

Nous avons vu au chapitre précédent que la Terre est une planète circulant annuellement autour de ce foyer de lumière, de chaleur et de vie, et que d'autres mondes gravitent comme elle autour du même foyer. Entre le Soleil et la Terre on rencontre Mercure, puis Vénus. Au delà de la Terre, dans l'ordre des distances, on rencontre Mars, les petites planètes, Jupiter, Saturne, Uranus et Neptune. Si nous voulions procéder dans notre description suivant une méthode absolument rigoureuse, nous devrions, maintenant que nous connaissons le Soleil, au moins dans ses éléments essentiels, visiter les diverses provinces de l'archipel solaire dans l'ordre de leurs distances, en commençant par Mercure, pour finir par Neptune. Mais d'une part, nous avons ouvert cet ouvrage par la description de la Terre : c'était nécessaire, parce que nous y sommes et que c'est d'ici que nous voyons tout l'univers. D'autre part, il est un astre assez intéressant pour nous à cause de son voisinage immédiat, à cause des phénomènes qu'il produit par les éclipses, et à cause du rôle qu'il a joué et joue encore dans le calendrier, la mesure du temps, les marées, etc. Cet astre c'est la Lune. Il n'a aucune importance réelle. C'est le satellite de notre planète. Mars en a deux, Jupiter en a quatre, Saturne huit, Uranus quatre au moins et Neptune sans doute autant ou peut-être davantage, quoique nous n'en connaissions encore qu'un. Mais par suite de son voisinage, et de la connaissance que nous possédons de sa surface, arrêtons-nous un instant sur la Lune avant de visiter les autres mondes et de nous lancer dans l'infini. Nous avons décrit notre planète; faisons une halte sur son satellite.

IX

LA LUNE

LES ÉCLIPSES.

C'est l'astre des nuits par excellence, l'astre de
la solitude, du silence, de la rêverie et du mystère.
Pâle flambeau dont la lumière est empruntée à
celle du Soleil, il semble remplacer humblement
le dieu du jour, et nous dire que si le Soleil a
disparu au-dessous de notre horizon, il brille
toujours dans l'espace, masqué seulement par la
Terre. Ses phases ont, dès l'origine, montré aux
hommes que la Lune a la forme d'un globe et que
la nocturne clarté qu'elle verse sur le sommeil de
la nature vient du Soleil.

En effet, la Lune tourne autour de la Terre en
une révolution mensuelle, de même que la Terre
tourne autour du Soleil en une révolution annuelle.

Son mouvement s'effectue dans un plan qui n'est pas très éloigné de celui dans lequel notre planète tourne autour du foyer lumineux. Quelquefois elle passe juste devant le Soleil et produit une éclipse le long de la ligne suivie par son ombre à la surface de notre globe. Quelquefois, au contraire, elle passe derrière nous, relativement au Soleil, c'est-à-dire dans l'ombre que la Terre forme à l'opposé de l'astre du jour, et elle s'éclipse elle-même, totalement ou partiellement. Ses phases correspondent exactement à son mouvement, à l'angle qu'elle forme avec le Soleil et la Terre. Lorsqu'elle passe entre lui et nous, nous ne la voyons pas, puisque c'est son hémisphère non éclairé qui est tourné vers nous. Lorsqu'elle forme un angle droit avec le Soleil, nous voyons la moitié de son hémisphère éclairé: c'est le premier ou le dernier quartier. Lorsqu'elle est à l'opposé du Soleil, nous voyons tout son hémisphère éclairé, et la pleine Lune brille à minuit dans notre ciel. Chacun peut facilement s'expliquer ces phases.

Le lendemain de la nouvelle Lune, elle commence le soir à se dégager des rayons solaires et paraît d'abord sous la forme d'un croissant extrêmement mince, aux pointes très effilées. Chaque jour, on la voit, à la même heure, un peu plus à gauche ou vers l'est; sa révolution mensuelle s'opérant de

l'ouost vors l'ost, avec un croissant do plus on plus
largo. Lorsquo l'atmosphèro ost blon puro on dis-

Fig. 27. —]Mouvement de la Luno autour do la Terr ι.
Éclairement solairo et phases.

linguo parfaitomont l'intérieur du disquo lunairo,
non éclairé par lo Soloil, marqué d'uno clarté griso

que l'on nomme la *lumière cendrée.* C'est le reflet
de la lumière de la Terre éclairée par le Soleil.

La Lune tourne autour de la Terre, suivant une
circonférence légèrement elliptique, tracée à la distance de 384 000 kilomètres, et qui mesure environ
2 400 000 kilomètres de longueur. Cette orbite est
parcourue en 27 jours 7 heures 43 minutes 11 secondes. La vitesse de la Lune sur son orbite est donc
de plus d'un kilomètre par seconde.

La durée que nous venons d'inscrire est celle de
la *révolution sidérale* de la Lune autour de la Terre,
c'est-à-dire du temps qu'elle emploie pour revenir
au même point du ciel. Si la Terre était immobile,
cette durée serait aussi celle de ses phases. Mais
notre planète se déplace dans l'espace, et par un
effet de perspective, le Soleil paraît se déplacer en
sens contraire. Lorsque la Lune revient au même
point du ciel au bout de sa révolution, le Soleil
s'est déplacé d'une certaine quantité dans le même
sens, et pour que la Lune revienne entre lui et la
Terre, il faut qu'elle marche encore pendant plus
de deux jours. Il en résulte que la lunaison, ou
l'intervalle entre deux nouvelles lunes, est de
29 jours 12 heures 44 minutes 3 secondes. C'est ce
qu'on appelle le *mois lunaire.*

En tournant autour de la Terre, la Lune *nous
présente toujours la même face.*

Le premier regard humain qui s'éleva vers les
cieux à l'heure silencieuse où l'astre solitaire des

SUD

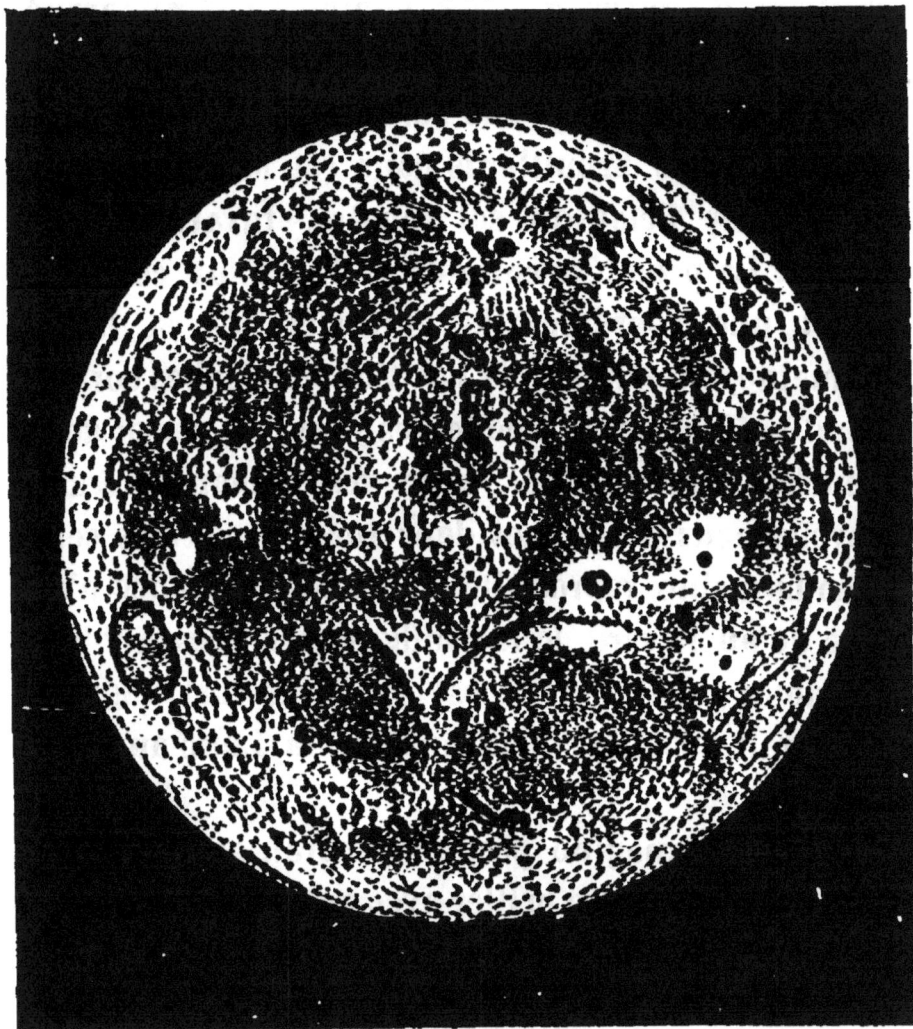

Fig. 28. — Carte topographique de la Lune.

nuits verse sa froide lumière, ne put contempler ce
globe suspendu dans l'espace sans remarquer les

teintes singulières qui le parsèment d'un dessin énigmatique. C'est par l'observation de la Lune que l'astronomie a commencé; il y a bien des milliers d'années que les hommes ont remarqué cette bizarre figure de Phœbé regardant la Terre, et ont constaté qu'elle reste constante, n'est pas produite par des brouillards dans cet astre, mais est causée par l'état du sol lunaire, invariable lui-même. La première carte de la Lune fut certainement une représentation grossière de la figure humaine, attendu que la position des taches correspond suffisamment à celle des yeux, du nez et de la bouche pour justifier cette ressemblance. Aussi voyons-nous partout et dans tous les siècles cette face humaine reproduite. Cette ressemblance n'est due qu'au hasard de la configuration géographique de notre satellite; elle est d'ailleurs fort vague et disparaît aussitôt qu'on analyse la Lune au télescope.

On ne s'imagine pas, en général, que la Terre, vue de loin, puisse briller avec autant d'éclat que la pleine lune. Cependant rien n'est si vrai. Le sol lunaire n'est pas plus blanc que le sol terrestre. Comparez, de jour, la Lune à un mur gris éclairé par le Soleil, et vous trouverez le mur plus brillant. Ce qui produit l'éclat de notre satellite pendant la nuit, c'est d'une part, la nuit elle-même, et d'autre part, la condensation de tout l'hémisphère lunaire en un petit disque. En agrandissant ce disque par le télescope, cet éclat diminue. Lorsque l'on compare la lumière de la Lune à celle des nuages, on la trouve toujours moins brillante. D'un autre côté, en plaçant des pierres dans une chambre obscure et en faisant arriver sur elles un rayon solaire, ou bien en regardant à travers un tube noirci la campagne éclairée par le Soleil, on constate que tout cela brille avec autant d'intensité que la Lune. Les principes de l'optique prouvent que dans ces comparaisons on ne doit pas tenir compte des différences de distance.

La Lune n'est pas blanche, mais d'un gris jaune. Elle paraît blanche pendant le jour, à cause du contraste de la couleur bleue du ciel. Il résulte d'expériences spéciales que j'ai faites pendant les années 1874 et 1875, que la véritable couleur de sa lumière est celle du cuivre jaune ou *laiton*. La Lune est non seulement moins claire que la neige, mais elle est encore inférieure au sable, et à peu près égale à la nuance des roches grises. Telle est la valeur réfléchissante de l'ensemble de la surface lunaire. Mais cette surface est très diversifiée. (Elle présente des régions encore plus sombres, des vallées très brunes et des cratères lumineux qui offrent la blancheur de la neige).

De ce que la Lune présente toujours la même face à la Terre en circulant autour d'elle, on en conclut qu'elle tourne une fois sur elle-même pendant sa révolution mensuelle, comme le montre la figure 29. Pour la Terre elle ne tourne pas; pour l'espace absolu, elle tourne.

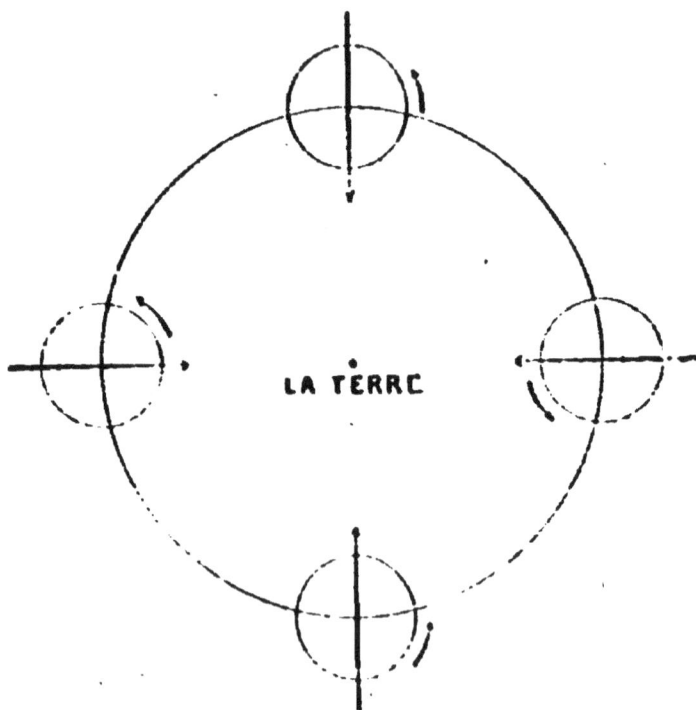

Fig. 29. — Rotation de la Lune sur elle-même.

Étudier cet astre vigilant des nuits, c'est à peine quitter notre monde. Aucun globe céleste n'est aussi voisin de nous; aucun ne nous appartient aussi intimement. Elle est de la famille. Elle seule accompagne la Terre dans son cours; elle seule est liée indissolublement à notre propre destinée. Qu'est-ce, en effet, que cette faible distance de 96 000 lieues qui la sépare de nous ? C'est un pas dans l'univers.

Une dépêche télégraphique y arriverait en une seconde et demie ; le projectile de la poudre volerait pendant 9 jours seulement pour l'atteindre; un train express y conduirait en 8 mois et 26 jours. Ce n'est que la 385e partie de la distance qui nous sépare du Soleil, et seulement la cent-millionième partie de la distance des étoiles les plus rapprochées de nous ! Bien des hommes ont fait à pied sur la terre, tout le chemin qui nous sépare de la Lune !... Un pont de trente globes terrestres suffirait pour relier entre eux les deux mondes.

Cette grande proximité fait que, de toutes les sphères célestes, la Lune est la mieux connue. On a dessiné sa carte géographique (ou pour mieux dire sélénographique) depuis plus de deux siècles, d'abord comme une esquisse vague, ensuite avec plus de détails, aujourd'hui avec une précision comparable à celle de nos cartes géographiques terrestres.

Rien n'est plus curieux que les montagnes de la Lune vues au télescope. Vers l'époque du premier quartier surtout, le Soleil qui les éclaire obliquement, fait ressortir leur relief, et projette derrière elles de fantastiques ombres noires. Avant le premier quartier, les dentelures du croissant lunaire ressemblent à de l'argent fluide suspendu dans le ciel du soir. Anneaux, grands et petits, minces ou puissants, énormes ou microscopiques, semblent jetés à profusion sur tout le sol lunaire, tous circulaires, mais paraissant elliptiques quand ils se trouvent vers le tour du globe, que nous voyons en raccourci. Cette forme annulaire est même si étonnante, que les premiers astronomes qui l'ont observée, au xvii° siècle, après l'invention des lunettes, ne pouvaient en croire leurs yeux, et, refusant de l'attribuer à la nature, supposèrent que c'était là autant de constructions artificielles commandées par le climat et dues aux habitants de la Lune. Képler lui-même croyait à cette origine artificielle. On ne réfléchissait pas alors aux énormes dimensions de ces constructions.

Oui, toutes les montagnes de la Lune sont creuses. Supposons un voyageur traversant les campagnes lunaires et approchant de l'une d'elles. Il rencontre une série de talus, de remparts, s'élevant les uns sur les autres, il grimpe sur ces contreforts, atteint à grand'peine leurs sommets élevés, d'où il jouit d'une vue sans égale; mais il veut traverser le sommet de la montagne pour redescendre du côté opposé à celui de son arrivée, il ne le peut pas;

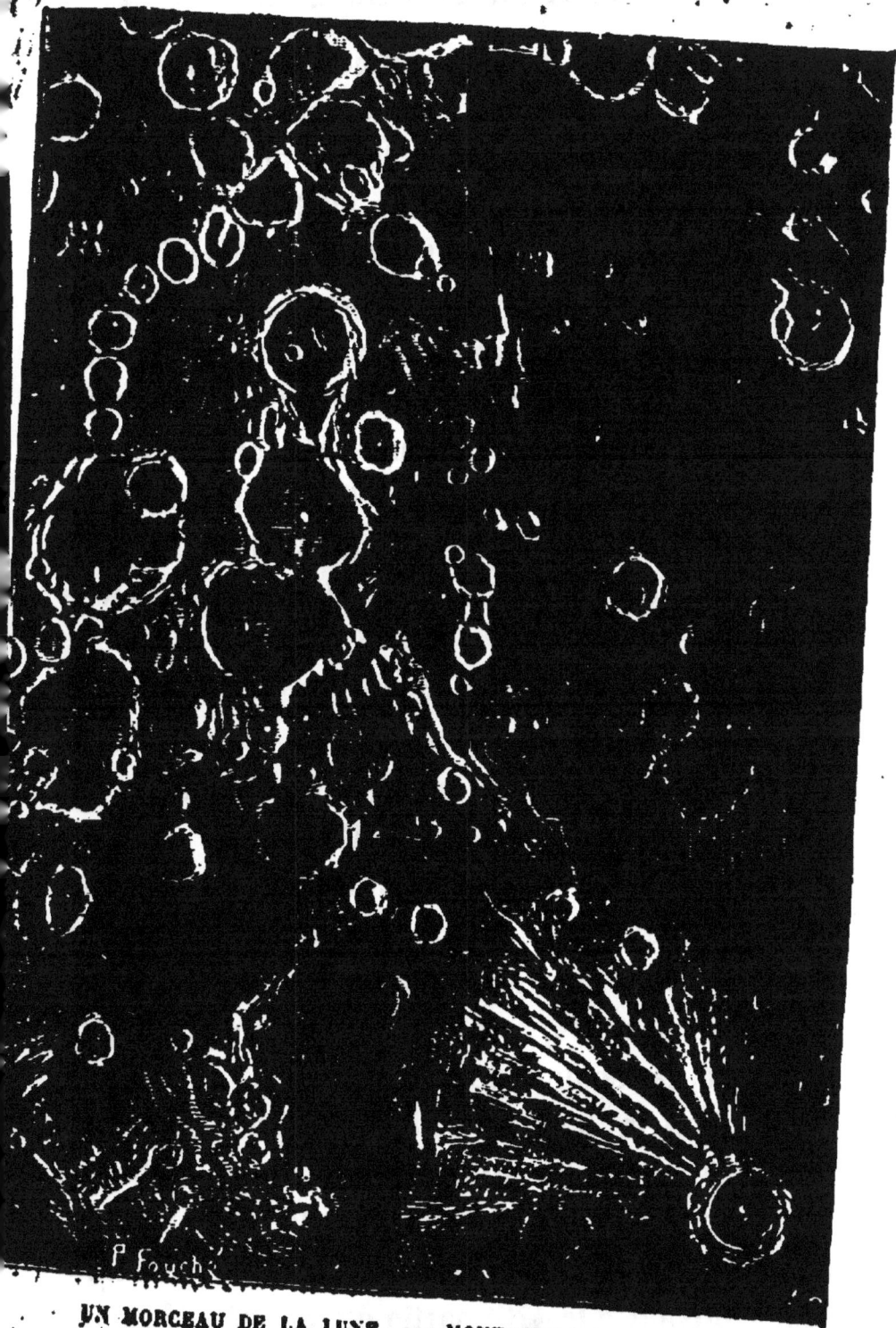

UN MORCEAU DE LA LUNE. — MONTAGNES ANNULAIRES
A L'EST DE LA MER DES NUÉES.

la montagne est sans sommet! Au lieu d'être
dominée par un plateau, elle est creuse, et son
cratère descend *plus bas* que la plaine avoisinante.
Il faut donc, ou bien descendre au fond du cratère,
le traverser (et il a souvent plus de 100 kilomètres
de diamètre), remonter le gigantesque ravin à
l'opposé, puis le redescendre; ou bien faire le tour
par le rempart abrupt et hérissé de pics démantelés.
Quoique les muscles se fatiguent six fois moins sur
la Lune que sur la Terre, de telles excursions doivent être incomparablement plus difficiles que
celles des héros les plus téméraires de nos clubs
alpins terrestres.

Les hauteurs de toutes les montagnes de la Lune
sont mesurées à quelques mètres près. (On ne
pourrait pas en dire autant de celles de la Terre).
Les plus élevées dépassent 7 000 mètres. Proportions gardées, le satellite est beaucoup plus mon-
tagneux que la planète, et les géants plutoniens
sont en bien plus grand nombre là qu'ici. S'il y a
chez nous des pics, comme le Gaorisankar, le plus
élevé de la chaîne de l'Himalaya et de toute la
Terre, dont la hauteur de 8 840 mètres est égale à
la 1440e partie du diamètre de notre globe, on
trouve dans la Lune des pics de 7 700 mètres,
comme ceux de Dœrfel et de Leibniz, dont la hauteur équivaut à la 470e partie du diamètre lunaire.

PAYSAGE LUNAIRE. — LA TERRE VUE DE LA LUNE.

Quels spectacles se révèlent à nos regards étonnés, lorsque nous nous transportons par la pensée à la surface de la Lune? C'est le monde le plus voisin de nous et c'est le plus dissemblable que puisse offrir tout le système planétaire. Essayons de nous représenter les scènes et les paysages qui nous entoureraient si nous habitions la Lune, non des scènes imaginaires comme celles que l'on a souvent inventées en des voyages fantastiques, mais des tableaux réels que le télescope nous montre d'ici, et que nous savons exister sur ce globe étrange. Ces tableaux, l'œil de l'homme les a déjà vus, et l'esprit humain s'est déjà promené au milieu de ces campagnes, car lorsque dans le silence des nuits et dans l'oubli de toute agitation terrestre, nous dirigeons nos télescopes vers cet astre solitaire, notre pensée traverse facilement la faible distance qui nous en sépare et se suppose, sans un grand effort d'imagination, habiter un instant au milieu des panoramas lunaires qui se développent dans le champ télescopique.

Aucune contrée de la Terre ne peut nous donner une idée de l'état du sol lunaire: jamais terrains ne furent plus tourmentés; jamais globe ne fut plus profondément déchiré jusque dans ses entrailles. Les montagnes présentent des amoncellements de rochers énormes tombés les uns sur les autres, et autour de cratères effrayants qui s'enchevêtrent

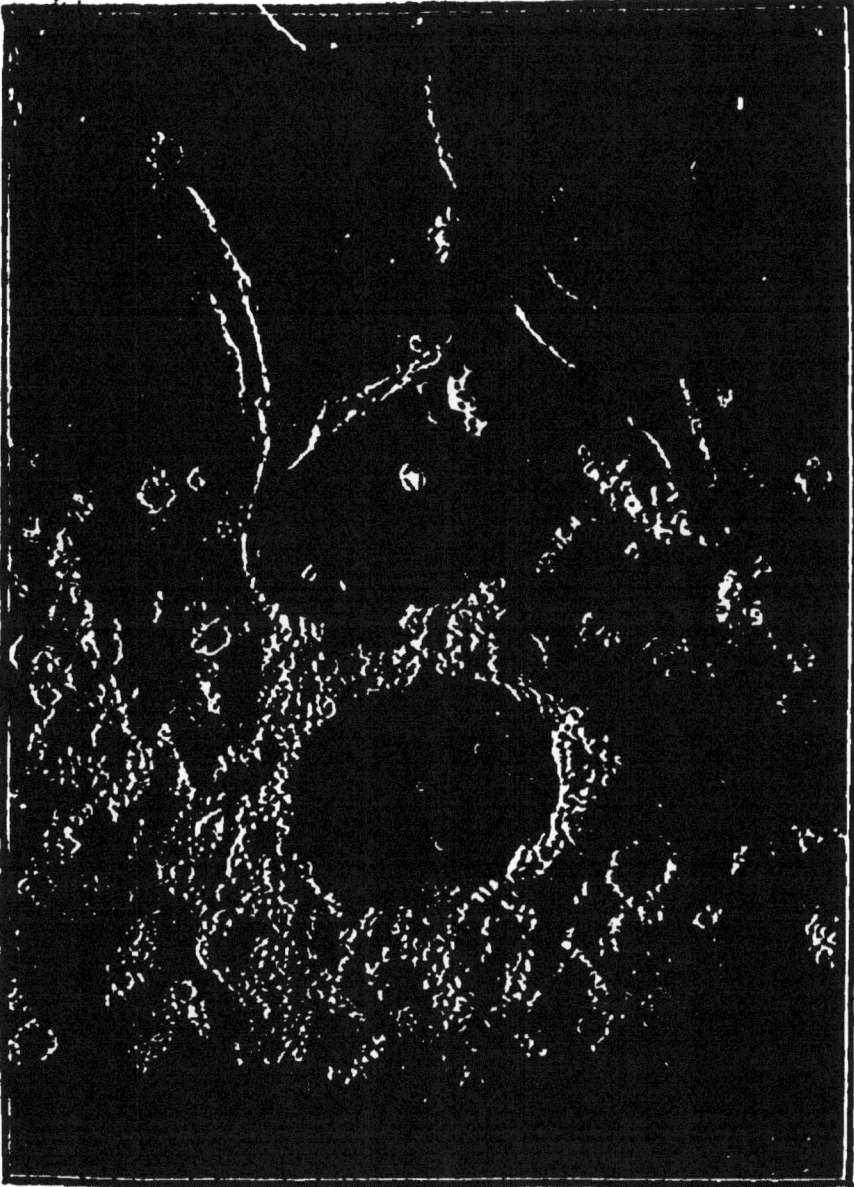

MONTAGNES DE LA LUNE : LE CIRQUE PLATON, DANS LES APPENNINS.

les uns dans les autres, on ne voit que des remparts

démantelés, ou des colonnes de rochers pointus res-
semblant de loin à des flèches de cathédrales sortant
du chaos.

Il n'y a pas d'atmosphère, ou du moins, si peu,
et seulement au fond des vallées, que c'est insen-
sible. Jamais de nuages, de brouillards, de pluies
ni de neiges. Le ciel est un espace toujours noir,
constamment constellé d'étoiles, de jour comme de
nuit.

Supposons que nous arrivions au milieu de ces
steppes sauvages vers le commencement du jour;
le jour lunaire est quinze fois plus long que le
nôtre, puisque le soleil met un mois à éclairer le
tour entier de la Lune. On ne compte pas moins de
354 heures depuis le lever jusqu'au coucher du
soleil. Si nous arrivons avant le lever du soleil,
l'aurore n'est plus là pour l'annoncer, car sans
atmosphère il n'y a aucune espèce de crépuscule.
Tout d'un coup, de l'horizon noir, s'élancent les
flèches rapides de la lumière solaire, qui viennent
frapper les sommets des montagnes, pendant que
les plaines et les vallées restent dans la nuit. La
lumière s'accroît lentement, car tandis que sur la
Terre, dans les latitudes centrales, le soleil n'emploie que deux minutes un quart pour se lever, sur
la Lune, il emploie près d'une heure, et, par conséquent, la lumière qu'il envoie est très faible pen-

dant plusieurs minutes et ne s'accroît qu'avec une
extrême lenteur. C'est une espèce d'aurore, mais
qui est de courte durée, car lorsque, au bout d'une
demi-heure, le disque solaire est déjà levé de moitié,
la lumière paraît presque aussi intense à l'œil que
lorsqu'il est tout entier au-dessus de l'horizon ;
l'astre radieux s'y montre avec ses protubérances et
son ardente atmosphère. Il s'élève lentement comme
un dieu lumineux au fond du ciel toujours noir,
ciel profond et sans forme, dans lequel les étoiles
continuent de briller pendant le jour comme pendant la nuit, car elles ne sont pas cachées par un
voile atmosphérique comme celui qui nous les
dérobe dans la lumière du jour.

L'absence d'atmosphère sensible doit produire là
pour la température un effet analogue à celui que
l'on remarque sur les hautes montagnes de notre
globe, où la raréfaction de l'air ne permet pas à la
chaleur solaire de se concentrer à la surface du sol,
comme au fond de l'atmosphère, qui agit à la façon
d'une serre : la chaleur reçue du Soleil n'est conservée par rien et rayonne sans cesse vers l'espace.
Il est probable que le froid y est constamment très
rigoureux, non seulement pendant ces nuits quinze
fois plus longues que les nôtres, mais même pendant les longues journées ensoleillées.

On admire de la Lune un astre majestueux, que

l'on ne voit pas de la Terre, et qui offre cette particularité d'être immobile dans le ciel, tandis que tous les autres passent derrière lui, et d'être d'une grandeur apparente considérable. Cet astre, c'est notre propre Terre, qui offre à la Lune des phases correspondantes à celles que notre satellite nous présente, mais en sens inverse. Au moment de la nouvelle lune, le soleil éclaire en plein l'hémisphère terrestre tourné vers notre satellite, et l'on a la *pleine terre;* à l'époque de la pleine Lune, au contraire, c'est l'hémisphère non éclairé de la Terre qui est tourné vers notre satellite, et l'on a la *nouvelle terre;* lorsque la Lune nous offre un premier quartier, la Terre donne son dernier quartier et ainsi de suite. Le tableau dessiné plus haut (p. 129) représente l'aspect de notre planète vue de ce globe voisin.

Quel curieux spectacle offre notre globe pendant cette longue nuit de quatorze fois vingt-quatre heures! Indépendamment de ses phases qui le conduisent du premier quartier à la pleine terre pour le milieu de la nuit, et de la pleine terre au dernier quartier pour le lever du soleil, quel intérêt n'éprouverions-nous pas à le voir ainsi stationnaire dans le ciel et tournant sur lui-même en vingt-quatre heures? En ce moment, par exemple, nous reconnaîtrions sur son disque, au milieu de l'immense océan verdâtre qui s'étend de part et d'autre, les deux V superposés qui forment l'Amérique ; puis nous verrions ce dessin géographique se déplacer lentement vers l'est ; l'Océan Pacifique arriver ensuite ; l'Asie et l'Australie apparaîtraient, bientôt suivies par le long continent de l'Asie et l'Océan Indien. La Terre, continuant de tourner, nous présenterait ensuite l'Europe et l'Afrique, et peut-être notre vue exercée pourrait-elle distinguer vers l'ouest de l'Europe, les contrées qui nous sont les plus chères. Notre planète est ainsi l'horloge céleste perpétuelle de la Lune. C'est un monde éclatant, vu de cette distance.

Tels sont les panoramas lunaires qu'un artiste pourrait contempler ; tels sont les spectacles célestes dont un astronome pourrait jouir, au milieu des steppes silencieuses ou du haut des Alpes géantes de notre étrange satellite.

Avant de quitter la Lune, rendons-nous compte du mode de production des éclipses.

Nous l'avons déjà remarqué plus haut : lorsque notre satellite passe juste devant le Soleil, au moment de la nouvelle lune, il peut masquer entièrement ou partiellement l'astre du jour. La Terre, la Lune et le Soleil sont alors en ligne droite. Comme la Lune ne décrit pas une circonférence exacte autour de la Terre, mais une ellipse, elle se trouve tantôt un peu plus proche et tantôt un peu plus éloignée qu'à la distance moyenne. Dans le premier cas, elle est un plus grosse, et couvre entièrement le Soleil, dans le second cas, elle est un peu plus petite, et ne produit qu'une éclipse annulaire, le disque solaire débordant tout autour d'elle. Les éclipses de Lune arrivent, lorque, au moment de la pleine Lune, notre satellite traverse l'ombre que la Terre produit derrière elle, à l'opposé du Soleil. Ces phénomènes se reproduisent à des intervalles réguliers de 18 ans et 11 jours, suivant un cycle que l'on trouvera décrit dans notre *Astronomie populaire*.

Ce globe lunaire est environ quatre fois plus petit que la Terre en diamètre : si l'on représente par 1000 le diamètre de notre planète, celui de la Lune sera représenté par 273 ; c'est 3481 kilomètres, ce qui donne pour la surface 38 millions de kilomètres carrés (la surface de notre globe est de 510 millions). Toute modeste qu'elle est, la Lune serait encore un monde digne de l'ambition conquérante d'un Napoléon.

En volume, la Lune est 49 fois plus petite que la Terre. Considérée au point de vue du poids, elle est 81 fois moins lourde. Sa densité est donc inférieure à celle de notre planète : elle est de 0,615. La pesanteur à sa surface est également très faible . si

UNE ÉCLIPSE TOTALE DE SOLEIL.

l'on représente également par 1 l'intensité de la pesanteur à la surface de la Terre, ce même élément à la surface de notre satellite sera représenté par le nombre 0,174, c'est-à-dire qu'un poids de 1 000 kilogrammes n'en pèserait plus que 174 si on pouvait le transporter sur la Lune.

On se rendra facilement compte de la différence de volumes qui existe entre la Terre et la Lune à l'aspect de notre fig. 34 qui représente cette différence. Si la Lune nous paraît de la dimension apparente du Soleil, quoique le Soleil soit 108 fois et demie plus large que la Terre en diamètre, 1 280 000 fois plus volumineux, et par conséquent 400 fois plus large que la Lune en diamètre et 62 millions de fois plus gros en volume, c'est parce que la Lune est 385 fois plus proche de nous, sa distance étant de 384 000 kilomètres, et celle du Soleil de 149 millions.

Essayons maintenant de concevoir cette distance par la pensée.

Un boulet de canon animé d'une vitesse constante de 500 mètres par seconde, emploierait 8 jours 5 heures pour atteindre la Lune. Le son voyage en raison de 332 mètres par seconde (dans l'air, à la température de 0°). Si l'espace qui sépare la Terre de la Lune était entièrement rempli d'air, le bruit d'une explosion volcanique lunaire assez puissante

pour être entendue d'ici, ne nous parviendrait que
13 jours 20 heures après l'événement, de sorte que
si elle arrivait à l'époque de la pleine Lune, nous
pourrions la voir se produire au moment où elle le
fait, mais nous ne l'entendrions que vers l'époque

Fig. 34. — Grandeurs comparées de la Terre et de la Lune.

de la nouvelle Lune suivante... Un train de chemin de fer qui ferait le tour du monde en une
course non interrompue de 27 jours, arriverait à la
station lunaire après 38 semaines.

Mais, depuis les premières pages de ce petit
livre, nous affirmons des chiffres, des distances,
des volumes, des poids, des densités qui peuvent étonner nos lecteurs. Peut-être un certain

nombre d'entre eux se demandent-ils *comment* l'esprit humain connaît ces choses lointaines, par quels procédés elles ont été découvertes et quelles preuves certaines on en a. Nous croyons devoir satisfaire ici à cette curiosité toute naturelle, comme nous l'avons fait pour les mouvements de la Terre.

X

LES MÉTHODES EN ASTRONOMIE

COMMENT ON MESURE LES DISTANCES DES ASTRES. COMMENT
ON CALCULE LEURS VOLUMES ET LEURS POIDS.

On s'imagine, en général, que rien n'est plus difficile que de comprendre les méthodes employées
pour arriver à ces merveilleux résultats. Nous sommes si loin des astres! Comment l'habitant d'une
fourmilière aussi minuscule que la Terre peut-il
atteindre des hauteurs aussi inaccessibles, déterminer les vraies distances de ces mondes lointains,
mesurer leurs volumes, calculer leurs poids et découvrir même leur constitution physique et chimique!

Ces méthodes sont fort simples, beaucoup moins
compliquées qu'un certain nombre de choses très

vulgaires de la vie terrestre, et il suffit d'une
attention ordinaire pour les comprendre. Seulement, cette attention est nécessaire. D'ailleurs, la
question le mérite, et l'on peut bien acheter au prix
d'un léger effort d'esprit l'agrément de comprendre
les plus grandes lois de la nature.

Faisons d'abord quelques secondes de géométrie.

Pour mesurer les dimensions comme les distances, on se sert des angles, et non pas d'une mesure déterminée, comme le mètre, par exemple. En
effet, la grandeur apparente d'un objet dépend de
sa dimension réelle et de sa distance. Dire, par
exemple, que la Lune nous paraît « grande comme
une assiette » (ce que j'ai souvent entendu dire
parmi les auditeurs de mes cours populaires) ne
donne pas une idée suffisante de ce que l'on conçoit
par là. On voit souvent des personnes frappées de
l'éclat d'une étoile filante ou d'un bolide, décrire
leur observation en assurant que le météore devait
avoir un mètre de longueur sur un décimètre de
largeur à la tête. De telles expressions ne satisfont
pas du tout aux conditions du problème.

Quand on ne connaît pas la distance d'un objet,
et c'est le cas général pour les astres, il n'y a qu'un
seul moyen d'exprimer sa grandeur apparente :
c'est de mesurer l'angle qu'elle occupe. Si plus tard
on peut mesurer la distance, en combinant cette

distance avec la grandeur apparente, on trouve la
dimension réelle.

La mesure de toute distance et de toute grandeur
est intimement liée à celle de l'angle. Pour un
angle donné, la grandeur correspond exactement
avec la distance. Pour une distance donnée, la
grandeur réelle correspond non moins exactement à l'angle mesuré. On conçoit donc facilement que la mesure des angles soit le premier

Fig. 35. — Un angle.   Fig. 36. — Mesure des angles.

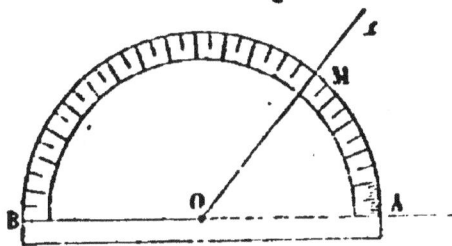

pas de la géométrie céleste. Ici le vieux pro-
verbe a raison : il n'y a que le premier pas qui
coûte. En effet, l'examen d'un angle n'a rien de
poétique ni de séduisant. Mais il n'est pas pour
cela absolument désagréable et fastidieux. Du reste,
tout le monde sait ce que c'est qu'un angle, tel que
la *fig.* 35 par exemple, et tout le monde sait aussi
que la mesure d'un angle s'exprime en parties de la
circonférence. Une ligne O*x* (*fig.* 36), mobile autour du centre O, peut mesurer un angle quelconque, depuis A jusqu'à M et jusqu'à B, et même au-

delà du demi-cerclo, en continuant do tourner. On a divisé la circonférence entière en 360 parties égales qu'on a appelées *degrés*. Ainsi, une demi-circonférence représente 180 degrés, le quart, ou un angle droit, représente 90 degrés; un demi-angle droit est un angle de 45 degrés, etc. Sur le demi-cercle AMB on a tracé des divisions de 10 en 10 degrés, et même, pour les premiers 10 degrés, au point A, on a pu tracer les divisions de degré en degré.

Un degré, c'est donc tout simplement la 360ᵉ partie d'une circonférence (*fig.* 37). Nous avons donc là une mesure indépendante de la distance. Sur une table de 360 centimètres de tour, un degré c'est un centimètre, vu du centre de la table; sur une pièce d'eau de 36 mètres de tour, un degré serait marqué par un décimètre, etc., etc. Un degré a de longueur la 57ᵉ partie du rayon du cercle ou de la distance au centre. C'est là un fait géométrique important à retenir.

L'angle ne change pas avec la distance, et qu'un degré soit mesuré sur le ciel ou sur ce livre, c'est toujours un degré.

Comme on a souvent à mesurer des angles plus petits que celui de un degré, on est convenu de partager cet angle en 60 parties, auxquelles on a donné le nom de *minutes*. Chacune de ces parties a également été partagée en 60 autres, nommées se-

condes. Ces dénominations n'ont aucun rapport avec
les minutes et les secondes de la mesure du temps,
et elles sont fâcheuses à cause de cette équivoque.

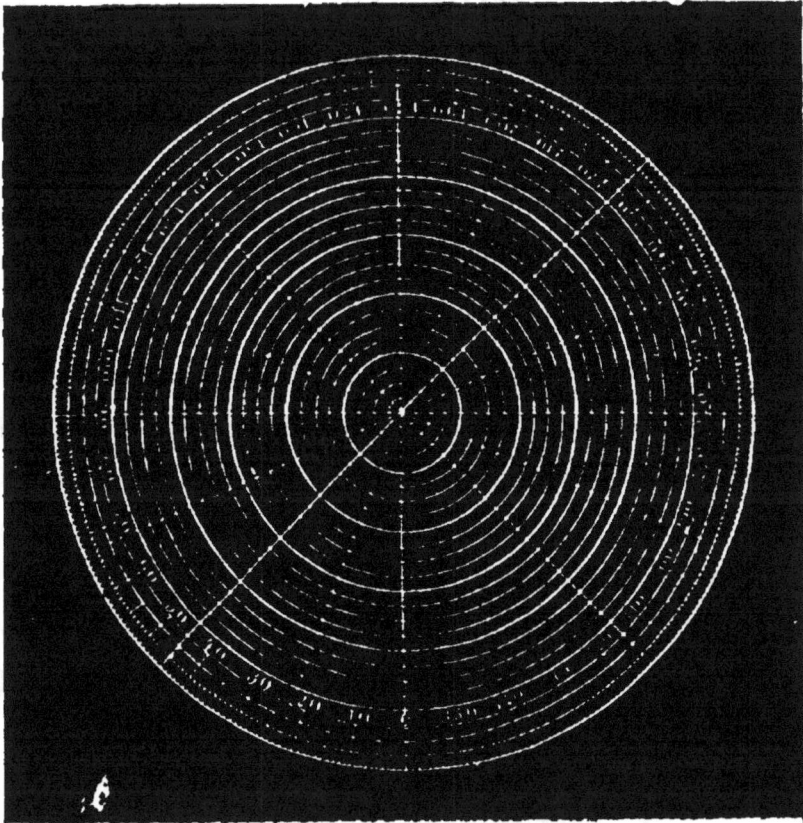

Fig. 37. — Division de la circonférence en 360 degrés.

Nous venons d'apprendre, bien simplement, ce
que c'est qu'un angle. Eh bien! le disque de la
Lune mesure 31' 8" (31 minutes 8 secondes) de diamètre, c'est-à-dire un peu plus d'un demi-degré. Il
faudrait un chapelet de 314 pleines lunes posées l'une

à côté de l'autre pour faire le tour du ciel, d'un point de l'horizon au point diamétralement opposé.

Si maintenant nous voulons tout de suite nous rendre compte des rapports qui relient les dimensions réelles des objets à leurs dimensions apparentes, il nous suffira de remarquer que tout objet paraît d'autant plus petit qu'il est plus éloigné, et que lorsqu'il est éloigné à 57 fois son diamètre, quelles que soient d'ailleurs ses dimensions réelles, il mesure juste un angle de un degré. Par exemple, un cercle de 1 mètre de diamètre mesure juste 1 degré, si on le voit à 57 mètres de distance.

La Lune mesurant un peu plus de un demi-degré, on sait donc déjà, par ce seul fait, qu'elle est éloignée de nous d'un peu moins de 2 fois 57 fois son diamètre : de 110 fois.

Mais cette notion ne nous apprendrait encore rien sur *la distance réelle*, ni sur *les dimensions réelles* de l'astre de la nuit, si nous ne pouvions mesurer directement cette distance.

Remarque intéressante, cette distance est appréciée depuis *deux mille ans*, avec une approximation remarquable ; mais c'est au milieu du siècle dernier, en 1752, qu'elle a été établie définitivement par deux astronomes observant en deux points très éloignés l'un de l'autre, l'un à Berlin, l'autre au cap de Bonne-Espérance. Ces deux astronomes étaient deux Français, Lalande et Lacaille. Considérons un instant la *fig.* 38. La Lune est en haut, la Terre en bas. L'angle formé par la Lune sera d'autant plus petit que celle-ci sera plus éloignée, et la connaissance de cet angle montrera *quel diamètre apparent la Terre offre vue de la Lune.*

Eh bien! le demi-diamètre de la Terre vue de la Lune est inférieur à un degré. Ce fait PROUVE que la distance de la Lune est de 60 ¼ demi-diamètres ou rayons de la Terre (60,27). En nombre rond, c'est *trente* fois la largeur de la Terre. Comme le rayon de la Terre est de 6 371 kilomètres, cette distance est donc de 384 000 kilomètres, ou 96 000 lieues de 4 kilomètres. C'est là un fait aussi certain que celui de notre existence.

Cette distance, ainsi calculée par la géométrie est, on peut l'affirmer, déterminée avec une précision plus grande que celles dont on se contente dans la mesure ordinaire des distances

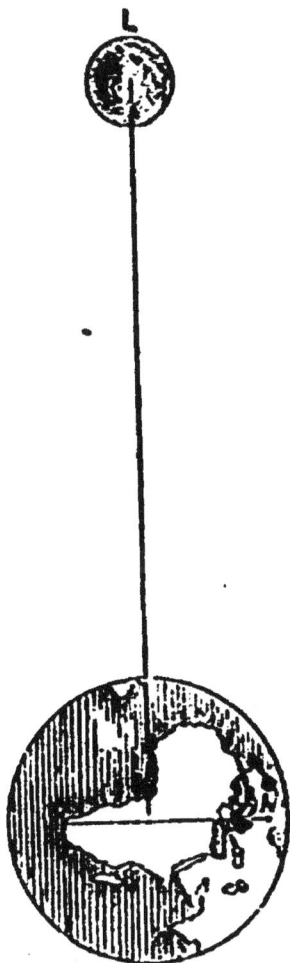

Fig. 38. — Mesure de la distance de la Lune.

terrestres, telles que la longueur d'une route ou d'un chemin de fer. Quoique cette affirmation puisse paraître romanesque aux yeux d'un grand nombre, il n'est pas contestable que la distance qui sépare la Terre de la Lune en un moment quelconque est plus exactement connue, par exemple, que la longueur précise de la route de Paris à Marseille (Nous pourrions même ajouter, sans commentaires, que les astronomes mettent incomparablement plus de précision et de conscience dans leurs mesures que les commerçants les plus scrupuleux.)

La connaissance de la distance de la Lune nous permet de calculer son volume réel par la mesure de son volume apparent. Le demi-diamètre de la Terre vue de la Lune mesure 57 minutes, et le demi-diamètre de la Lune vue de la Terre mesure 15'34" : les diamètres de ces deux globes sont entre eux dans la même proportion. En faisant le calcul exact, on trouve que le diamètre de notre satellite est à celui de la Terre dans le rapport de 273 à 1000 : c'est un peu plus du quart du diamètre de notre monde, lequel mesure 12 732 kilomètres. Le diamètre de la Lune est donc de 3 484 kilomètres.

Nous venons de voir par quel procédé on a déterminé la distance de la Lune. Si l'on voulait se servir du même mode d'observation pour connaître la distance du Soleil, on n'y parviendrait pas. Cette distance est trop grande. Le diamètre entier de la Terre ne lui est pas comparable et ne formerait pas la base d'un triangle. Supposons que l'on mène de deux extrémités diamétralement opposées du globe terrestre deux lignes allant jusqu'au centre du Soleil : ces deux lignes se toucheraient tout le long de leur parcours, le diamètre de la Terre n'étant qu'un point relativement à leur immense longueur. Il n'y aurait donc pas de triangle, partant point de mesure possible. D'ici à l'astre du jour, il y a près de douze mille fois le diamètre de la Terre ! C'est comme si l'on prétendait construire un triangle en prenant pour côté une ligne de 1 *millimètre* de longueur seulement, de chaque extrémité de laquelle on mènerait deux lignes droites jusqu'à un point placé à 12 mètres de distance. On voit que ces deux lignes seraient presque parallèles et que les deux angles qu'elles formeraient à la base du triangle seraient presque deux angles droits.

Il a donc fallu tourner la difficulté, et l'on a découvert six méthodes différentes pour résoudre le problème.

La première est celle des passages de Vénus devant le Soleil.

Nous avons déjà vu que Vénus est plus près du

Soleil que nous, et circule autour de l'astre central
le long d'une orbite intérieure à la nôtre. Or, quand
Vénus passe juste entre le Soleil et la Terre, deux
observateurs placés aux deux extrémités de notre
globe ne la voient pas se projeter sur le même point
du Soleil : la différence des deux points conduit à la
connaissance d'un angle qui donne la distance du
Soleil.

Supposons que deux observateurs soient placés
aux deux extrémités d'un diamètre terrestre,
chacun d'eux verra Vénus suivre une route diffé-
rente devant le Soleil. C'est là une affaire de perspective. En étendant la main et en levant l'index
verticalement, il nous masquera tel objet en fermant
l'œil gauche et regardant de l'œil droit, et tel autre
objet en fermant l'œil droit et regardant de l'œil
gauche. Pour l'œil droit, il se projettera vers la
gauche; pour l'œil gauche, il se projettera vers la
droite. La différence des deux projections dépend
de la distance à laquelle nous plaçons notre doigt.
Dans cette comparaison familière, la distance qui
sépare nos deux rétines représente le diamètre de la
Terre; nos deux rétines sont nos deux observateurs;
notre index représente Vénus elle-même, et les
deux projections de notre doigt représentent les
places différentes auxquelles les astronomes voient
la planète sur la surface du Soleil. Pour que la

comparaison fût complète, il serait mieux, au lieu d'étendre le doigt, de tenir une épingle à grosse tête à une certaine distance de l'œil, de telle sorte que sa tête se projetât sur un disque de papier placé à plusieurs mètres, puis de faire voyager cette tête d'épingle devant le disque, en la regardant successivement de l'un et de l'autre œil.

Cette méthode des passages de Vénus devant le Soleil n'est pas la seule qui ait été employée pour calculer la distance de l'astre radieux. Plusieurs autres, absolument différentes de celle-ci, et indépendantes les unes des autres, ont été appliquées à la même recherche. Leurs résultats se vérifient mutuellement. Donnons-en une idée rapide.

Les deux premières sont fondées sur la vitesse de la lumière. On a constaté que la lumière emploie un certain temps pour se transmettre d'un point à un autre, et que pour venir, par exemple, de Jupiter à la Terre, elle emploie de 30 à 40 minutes, suivant la distance de la planète. En examinant les éclipses des satellites de Jupiter, on trouve qu'il y a seize minutes et vingt-six secondes de différence entre les moments où elles arrivent lorsque Jupiter se trouve du même côté du Soleil que la Terre et lorsqu'il se trouve du côté opposé. La lumière emploie donc seize minutes vingt-six secondes pour traverser le diamètre de l'orbite terrestre, c'est-à-dire la moitié, ou huit minutes treize secondes pour venir du Soleil, situé au centre. Or, comme les physiciens ont mesuré directement cette vitesse, et l'ont trouvée égale à 300 000 kilomètres par seconde, on en conclut que la distance d'ici au Soleil est d'environ 149 millions de kilomètres.

Une autre méthode peut également donner cette distance ; elle est fondée aussi sur la vitesse de la lumière. Un exemple familier nous la fera comprendre tout de suite. Supposons-nous placés sous une pluie verticale ; si nous sommes immobiles, nous tiendrons notre parapluie verticalement, si nous marchons, nous l'inclinerons devant nous, et, si nous courons, nous l'inclinerons davantage. Le degré d'inclinaison de notre parapluie dépendra du rapport de la vitesse de notre marche avec celle des gouttes de pluie. On observe le même effet en chemin de fer par les lignes obliques que trace la pluie sur les portières, et dont l'obliquité est la résultante du mouvement du train combiné avec la chute des gouttes. Le même effet se produit pour la lumière. Les rayons de lumière tombent des étoiles à travers l'espace ; la Terre se meut avec une grande vitesse, et nous sommes obligés d'incliner nos télescopes dans la direction vers laquelle la Terre se meut ; c'est le phénomène de l'aberration de la lumière,

lequel montre que la vitesse de notre planète sur
son orbite est dix mille fois moins grande que celle
de la lumière. On peut donc calculer par là la
vitesse de la Terre, que l'on trouve ainsi être de
30 kilomètres par seconde ; on peut calculer la longueur de l'orbite parcourue en 365 jours, et finale-
ment le diamètre de cette orbite, dont la moitié est
précisément la distance du Soleil.

Une quatrième méthode est fournie par les mouvements de la Lune. La régularité du mouvement
mensuel de notre satellite est combattue par l'attraction du Soleil ; or, comme l'attraction varie en
raison inverse du carré de la distance, on conçoit
qu'en analysant scrupuleusement l'action du Soleil
sur la Lune on puisse arriver à connaître la distance du Soleil.

Une cinquième méthode peut se déduire des
masses des planètes, dont les mouvements sont
intimement liés à la masse du Soleil et à sa distance. Les influences planétaires produisent des
perturbations rendues sensibles par les observations ; lorsque les masses ont été déterminées par
une méthode indépendante, la grandeur des perturbations fait connaître les distances.

Une sixième méthode est offerte par l'observation
de Mars, et par celle des petites planètes extérieures
à la Terre ; ces planètes passent devant des étoiles

lointaines situées pour ainsi dire à l'infini derrière
elles, et si l'on observe leurs positions vues de deux
pays de la Terre très éloignés l'un de l'autre, elles
se projettent en deux points différents (comme
Vénus pour le Soleil) : l'écartement angulaire de
ces deux points indique la distance de la Terre à
Mars ou aux autres planètes employées.

Toutes ces mesures concordent avec une précision
remarquable. Cette distance est de 11 700 fois le
diamètre de la Terre, c'est-à-dire, en nombres
ronds, de 149 millions de kilomètres.

Dès que l'on connaît la distance du Soleil, rien
n'est plus simple que de calculer sa dimension réelle
à l'aide de sa dimension apparente, exactement
comme nous l'avons vu pour la Lune. Le diamètre
de la Terre vu du Soleil est de 17″,6. D'autre part,
le diamètre du Soleil vu de la Terre est de 32′4″,
c'est-à-dire en secondes, de 1 924″. Telle est donc,
tout simplement, la proportion des deux diamètres.
En divisant le dernier nombre par le premier, on
trouve qu'il le contient 108 fois et demie (108,55).
Il est donc *démontré* par là que le diamètre réel du
Soleil mesure 108 fois et demie 12 732 kilomètres,
c'est-à-dire 1 382 000 kilomètres.

C'est le même principe géométrique qui est appliqué aux mesures de distances des *étoiles*. Ici ce
n'est plus la dimension du globe terrestre qui peut

servir de base au triangle, comme dans la mesure
de la distance de la Lune, et la difficulté ne peut pas
être tournée non plus, comme dans le cas du Soleil,
par l'auxiliaire d'une autre planète. Mais, heureusement pour notre jugement sur les dimensions de
l'univers, la construction du système du monde
offre un moyen d'arpentage pour ces lointaines
perspectives, et ce moyen, en même temps qu'il
démontre une fois de plus le mouvement de translation de la Terre autour du Soleil, il l'utilise pour la
solution du plus grand des problèmes astronomiques.

En effet, la Terre, en tournant autour du Soleil
à la distance de 37 millions de lieues, décrit par an
une circonférence (en réalité c'est une ellipse) de
241 millions de lieues. Le diamètre de cette orbite
est donc de 74 millions de lieues. Puisque la révolution de la Terre est d'une année, notre planète se
trouve, en quelque moment que ce soit, à l'opposé
du point où elle se trouvait six mois auparavant, et
du point où elle se trouvera six mois plus tard.
Autrement dit, la distance d'un point quelconque
de l'orbite terrestre au point où elle passe à six mois
d'intervalle est de 74 millions de lieues. C'est là
une longueur respectable, et qui peut servir de
base à un triangle dont le sommet serait une
étoile.

Le procédé pour mesurer la distance d'une étoile consiste donc à observer minutieusement ce petit point brillant à six mois d'intervalle ou plutôt pendant une année entière, et à voir si cette étoile reste fixe, ou bien si elle subit un petit déplacement apparent de perspective en raison du déplacement annuel de la Terre autour du Soleil. Si elle reste fixe, c'est qu'elle est à une distance infinie de nous, à l'horizon du ciel pour ainsi dire, et que 74 millions de lieues sont comme zéro devant cet éloignement. Si elle se déplace, on constate qu'elle décrit pendant l'année une petite ellipse, reflet de la translation annuelle de la Terre.

On ne connaît la distance de quelques étoiles que depuis l'année 1840. C'est dire combien cette découverte est récente : en vérité, c'est à peine si l'on commence maintenant à se former une idée approchée des distances réelles qui séparent les étoiles entre elles.

On se rendra très facilement compte, par l'examen de la figure ci-dessous, du rapport qui relie la distance d'une étoile à l'angle observé. L'angle sous lequel on voit de face le diamètre de l'orbite terrestre est d'autant plus petit que l'étoile est plus éloignée, et le mouvement apparent de l'étoile qui reflète en perspective le mouvement réel de la Terre diminue dans la même proportion. Ainsi, l'étoile la plus

basse de cette figure montre ici un mouvement an-
nuel effectué sur une largeur angulaire de 20 de-
grés, la seconde fournit un
angle de 15° et la plus élevée un angle de 11 degrés.
Le rapport géométrique
dont nous avons parlé,
donne immédiatement la
distance. Sur la figure ci-
dessus, les proportions sont
très exagérées, puisqu'un
angle de 1 degré cor-
respond à 57 fois la grandeur de la base. Or, le
mouvement angulaire de
l'étoile la plus proche n'est
pas de 2 secondes; à l'é-
chelle adoptée pour cette
figure, l'étoile la plus proche de nous devrait être
portée à cent mille fois au
moins la base de notre
triangle, qui est de deux

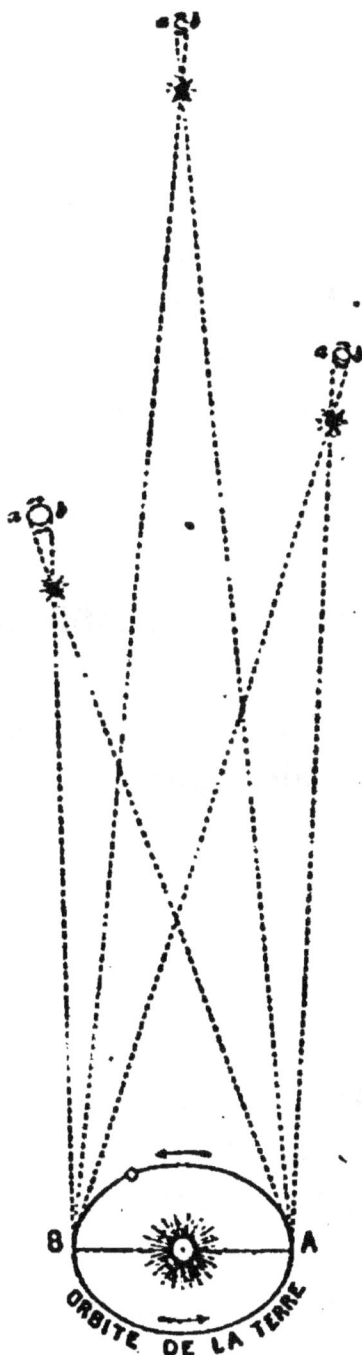

Fig. 39. — Petites ellipses apparentes décrites par les étoiles
dans le ciel, par suite du mouvement annuel de la Terre.

centimètres, c'est-à-dire à deux kilomètres ! Il serait assurément difficile de placer une telle figure dans un ouvrage quelconque.

L'étoile la plus proche de nous est l'étoile Alpha de la Constellation du Centaure. Elle trône à 275 000 fois la distance d'ici au Soleil, c'est-à-dire à dix trillions, ou dix mille milliards de lieues de notre séjour terrestre. Malgré sa vitesse inimaginable de 300 000 kilomètres par seconde, la lumière marche, court, vole pendant quatre ans et 128 jours pour venir de ce soleil jusqu'à nous. — Le son emploierait plus de trois millions d'années pour franchir le même abîme. — A la vitesse constante de soixante kilomètres à l'heure, *un train express n'arriverait au soleil Alpha du Centaure qu'après une course ininterrompue de près de 75 millions d'années.*

Un pont jeté d'ici au Soleil serait composé de 16 600 arches de la largeur de la Terre. Pour atteindre le soleil le plus proche, il faudrait ajouter 275 000 ponts pareils l'un au bout de l'autre.

C'est là notre étoile VOISINE. Toutes les autres sont plus éloignées... jusqu'à l'infini.

Telles sont les méthodes employées pour mesurer les distances et les dimensions des astres. On voit qu'elles sont géométriques et que lorsqu'on en connaît l'usage il est impossible de douter de l'exactitude des résultats.

Peser les mondes est tout aussi simple.

Comment, par exemple, a-t-on pesé la Lune !

Le poids de la Lune se détermine par l'analyse des effets attractifs qu'elle produit sur la Terre. Le premier et le plus évident de ces effets est offert par *les marées*. L'eau des mers s'élève deux fois par jour sous l'appel silencieux de notre satellite. En étudiant avec précision la hauteur des eaux ainsi élevées, on trouve l'intensité de la force nécessaire pour les soulever, et par conséquent la puissance, le poids (c'est identique) de la cause qui les produit. Voilà une première méthode.

Une autre méthode est fondée sur l'influence que la Lune exerce sur les mouvements du globe terrestre : quand elle est en avant de la Terre, elle attire notre globe et le fait marcher plus vite ; quand elle se trouve en arrière, elle le retarde. C'est sur la position du Soleil que cet effet se lit au premier et au dernier quartier : l'astre paraît déplacé dans le ciel de la 290ᵉ partie de son diamètre. Par ce déplacement, on calcule de la même façon la masse de la Lune.

Une troisième méthode est établie sur le calcul de l'attraction que la Lune exerce sur l'équateur, et qui produit les phénomènes astronomiques de la nutation et de la précession des équinoxes.

Toutes ces méthodes se vérifient l'une par l'autre,

et s'accordent pour prouver que la masse de la Lune est 81 fois plus petite que celle de la Terre.

Ainsi *la Lune pèse* 81 *fois moins que notre globe.* Son poids est d'environ 74 sextillions de kilogrammes. Les matériaux qui la composent sont moins denses que ceux qui constituent la Terre ; environ les 6 dixièmes de la densité des nôtres. Comparée à la densité de l'eau, la Lune pèse 3,27, c'est-à-dire environ 3 fois un quart plus qu'un globe d'eau de même dimension.

On peut nous demander de la même façon *comment on a pesé le Soleil.* Voici une méthode.

Nous avons vu que les planètes circulent d'autant moins vite qu'elles sont plus éloignées du Soleil, la loi de cette diminution de vitesse s'exprime par la formule suivante : « Les carrés des temps des révolutions sont entre eux comme les cubes des distances. »

Autrement dit, un corps situé 2 fois plus loin qu'un autre tourne en une période indiquée par la racine carrée de 8 (cube de 2) ; un corps 4 fois plus éloigné, par la racine carrée de 64 (cube de 4), et ainsi de suite. Voulez-vous deviner, par exemple, en combien de temps une lune située à une distance double de la nôtre tournerait autour de nous ? Le calcul est facile : $2 \times 2 \times 2 = 8$; la racine carrée de 8 est 2,84; donc elle tournerait 2,84 fois plus lentement, c'est-à-dire en 77 jours.

Pour connaître la différence qui existe entre l'attraction de la Terre et celle du Soleil, il faut donc simplement chercher en combien de temps tournerait autour de nous un corps situé à 149 millions de kilomètres. C'est 385 fois la distance de la Lune. Faisons le calcul : $385 \times 385 \times 385 = 57\,066\,625$; la racine carrée de ce nombre est 7553; cette lune lointaine tournerait donc autour de nous 7553 fois moins vite que la lune actuelle, c'est-à-dire en 206 330 jours ou en 566 ans.

Si les valeurs des masses directrices se jugeaient simplement par le temps des révolutions, puisque la Terre n'aurait la force de faire tourner un satellite qu'en 566 ans, et que le Soleil a la force de faire tourner la Terre en 1 an (à la même distance de 149 millions de kilomètres), nous en conclurions tout de suite que le Soleil est simplement 566 fois plus fort que la Terre. Mais ce ne sont pas les périodes simples qu'il faut comparer, ce sont les périodes multipliées par elles-mêmes.

Multiplions donc 566 par lui-même, et nous trouverons, en nombre rond, 320 000 pour le rapport approché entre la masse du Soleil et celle de la Terre. Si nous avions tenu compte des décimales et des fractions, nous aurions trouvé 321 000.

11

Nous savons donc mathématiquement par là que le Soleil pèse 324 000 fois plus que la Terre.

Puisque la Terre pèse 5 875 sextillions de kilogrammes, comme nous l'avons vu, le Soleil en pèse 324 000 fois plus, soit 1900 octillions, ou, en nombre rond, *deux nonillions* de kilogrammes.

On voit que tout cela est de la plus grande simplicité.

Les planètes se pèsent de la même façon : par la vitesse du mouvement de leurs satellites autour d'elles. Celles qui n'ont pas de satellites ont été pesées par l'attraction qu'elles exercent sur les autres planètes ou sur les comètes.

Les étoiles ont pu être également pesées, lorsqu'on peut observer la révolution d'une autre étoile régie par leur attraction.

Ainsi donc, mesurer et peser les astres n'est pas un mythe, mais une réalité absolue.

XI

DESCRIPTION DES PLANÈTES DE NOTRE SYSTÈME

Examinons maintenant en détail, dans un rapide voyage astronomique, chacun des mondes qui constituent notre grande famille céleste. Il est naturel de commencer ce voyage par le centre du système, par la planète la plus voisine du foyer, c'est-à-dire par Mercure.

MERCURE

Mercure est, nous l'avons déjà vu, la première planète que l'on rencontre en partant du Soleil : à 15 millions de lieues. Son orbite étant intérieure à celle de la Terre, tantôt ce monde se trouve entre le Soleil et nous, tantôt de l'autre côté du Soleil par rapport à nous, tantôt à angle droit, etc. Il en résuite des *phases* analogues à celles de la Lune : on les reconnaît au télescope. Lorsqu'il est entre le Soleil et la Terre, nous ne pouvons le voir dans le ciel, puisque c'est alors son hémisphère obscur qui est tourné vers nous. (Il ne brille, comme la Lune et toutes les planètes, que par la lumière qu'il reçoit du Soleil et qu'il réfléchit dans l'espace). Lorsqu'il fait un angle léger avec le Soleil, nous voyons un peu son hémisphère éclairé, et un *croissant* très délié se dessine dans la lunette. Lorsqu'il fait un angle droit, il ressemble au premier ou au dernier *quartier* de la lune, etc. On ne le voit jamais parfaitement rond au télescope, parce qu'aux époques où il nous montrerait entièrement son hémisphère éclairé, il se trouve derrière le Soleil, qui l'éclipse. Quelquefois, il passe juste devant le Soleil. Exemple, le 10 mai 1891.

C'est généralement sous un aspect analogue à celui de la fig. 40 qu'il se présente aux observateurs.

A cause de son rapprochement du Soleil, Mercure n'est visible pour nous, habitants de la Terre, que le soir ou le matin, jamais au milieu de la nuit, et toujours dans le crépuscule. Mais on peut l'observer pendant le jour dans les instruments astronomiques.

Cette planète est la plus petite du système (exception faite des fragments qui gravitent entre Mars et

Jupiter). En volume, elle est dix-huit fois plus petite que la Terre ; sa surface est sept fois moindre ;
son diamètre dépasse à peine le tiers de celui de
notre monde : il est à celui de la Terre comme

Fig. 40. — Aspect de la planète Mercure vers la quadrature.

373 est à 1 000, et mesure 4 753 kilomètres ; d'où il
suit que ce globe compte seulement 14 924 kilomètres de tour.

Les échancrures observées le long du bord éclairé
par le Soleil indiquent que le sol de Mercure est
accidenté, qu'il existe de fortes aspérités à sa sur-

face. Les dentelures de la ligne de séparation de l'ombre et de la lumière témoignent de l'existence de hautes montagnes, qui interceptent l'illumination solaire, et de vallées plongées dans l'ombre, qui empiètent sur les parties éclairées du sol de la planète. Ainsi Mercure a des montagnes. Nous savons de plus que ce petit globe est environné d'une atmosphère considérable, dans laquelle flottent des vapeurs absorbantes.

Mercure est le monde qui reçoit du Soleil le plus de lumière et de chaleur ; il gravite autour de l'astre radieux dans la courte période de 88 jours ; son année est donc moins longue que trois de nos mois. Sa distance au Soleil varie énormément dans le cours de son année, et le Soleil brille dans son ciel, tantôt avec un disque dix fois plus étendu et plus ardent que celui qu'il nous présente, tantôt avec un disque seulement quatre fois plus grand que le nôtre — ce qui est encore considérable.

Quoique la planète Mercure ne soit pas facile à observer, parce qu'elle s'élève très peu au-dessus des brumes de l'horizon, cependant, autant qu'on en peut juger par son aspect, son atmosphère est en réalité beaucoup plus dense que la nôtre.

Ce globe pèse environ quinze fois moins que le globe terrestre. Il en résulte que la densité des matériaux qui le composent surpasse d'un sixième seulement celle des matières terrestres, comme moyenne générale, car il y a là comme ici des différences dans les substances. La *pesanteur* à sa surface est plus de *moitié moindre* de ce qu'elle est ici, un kilogramme transporté sur Mercure n'y pèserait que 439 grammes. Cette faiblesse de la pesanteur fait que des êtres lourds et énormes comme l'éléphant, l'hippopotame, le mastodonte ou le mammouth, pourraient avoir sur certains mondes l'agilité de la gazelle et de l'écureuil! L'imagination peut facilement supposer quelle métamorphose cette différence de pesanteur doit apporter dans les œuvres matérielles et même intellectuelles de l'humanité à la surface d'une autre planète.

Quant aux conditions de la vie sur ce monde, elles sont fort différentes de celles de la Terre. La température doit y être plus élevée, malgré les nuages de l'atmosphère; la planète est petite, et les provinces qui la partagent ne peuvent avoir qu'une faible étendue. Les matériaux dont sont composés les êtres et les choses sont un peu plus denses que les nôtres; la pesanteur y est plus de moitié plus faible qu'ici. Ce sont là déjà de grandes différences avec le monde que nous habitons.

Mais la plus grande de toutes est que cette planète tourne autour du Soleil en lui présentant toujours la même face, comme la Lune autour de la Terre, de sorte qu'elle a un hémisphère constamment éclairé et un hémisphère constamment obscur. Cette découverte, toute récente, a été faite par M. Schiaparelli, en 1889. Jour éternel d'un côté, nuit éternelle de l'autre! Un léger balancement dû à l'ellipticité de l'orbite amène parfois le soleil sur les bords de l'hémisphère obscur. Voilà donc un monde sans jours, sans nuits, sans heures, sans mois, sans années, sans calendrier! Y mesure-t-on le temps? Y vieillit-on? Y meurt-on?... Qui sait! la variété de la création est infinie.

VÉNUS

La planète Vénus vient après Mercure dans l'ordre des distances au Soleil. Elle est donc placée entre Mercure et nous, puisque Mercure est la première et la Terre la troisième des provinces de la grande république solaire. Tandis que Mercure tourne autour de l'astre du jour à la distance de 15 millions de lieues, et notre monde à la distance de 37 millions, Vénus gravite à la distance de 27 millions.

C'est pour nous l'astre le plus brillant du ciel. Son orbite étant intérieure à celle de la Terre, et beaucoup plus petite que la nôtre, Vénus reste tou-

jours, comme Mercure, dans les environs du Soleil,
dont elle nous réfléchit la lumière avec une grande
vivacité d'éclat; mais elle peut s'éloigner de lui
beaucoup au delà de la plus grande élongation de

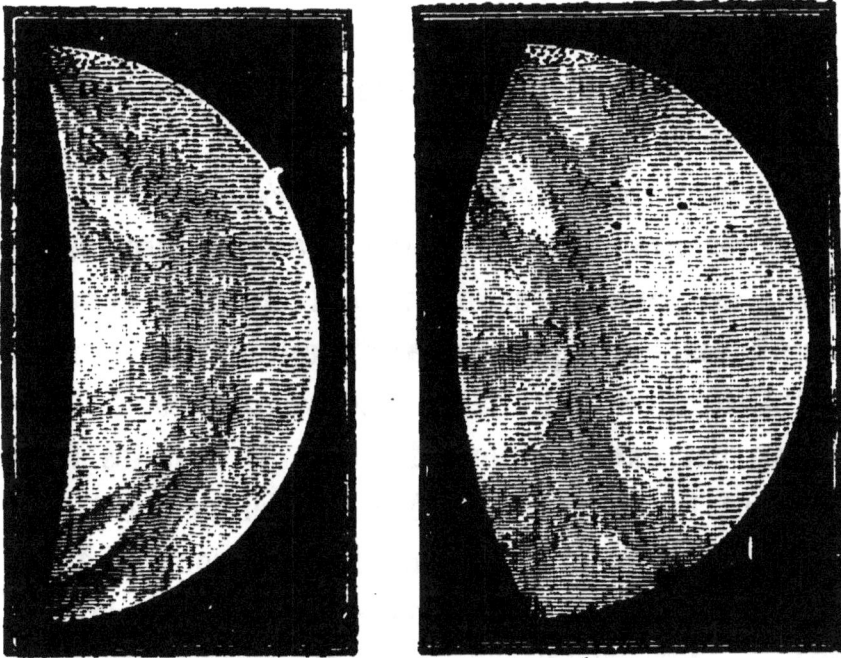

Fig. 41. — Vues télescopiques de Vénus.

Mercure. Lorsqu'elle se trouve dans la moitié de
son orbite qui précède le Soleil, elle se montre le
matin à l'orient, avant le lever du soleil, le précé-
dant plus ou moins, selon sa distance angulaire,
tantôt de une heure, tantôt de deux heures, tantôt
même de trois heures. Aussi l'a-t-on, dès une

haute antiquité, distinguée sous les noms d'*étoile du matin*, d'*étoile du berger*, de *Lucifer*. — Lorsqu'elle se trouve dans la moitié de son orbite qui suit le Soleil, elle se montre le soir à l'occident, allumée dans le crépuscule avant tous les autres astres du firmament, et restant en retard sur le Soleil, de une, deux ou même trois heures, suivant sa distance angulaire à cet astre. C'est ce qui l'a fait nommer aussi *étoile du soir*, *Vesper*. Cette planète présente au télescope des phases comme Mercure. Les meilleurs dessins ont été faits pendant ces phases, correspondant aux meilleurs époques de visibilité. Ils sont toujours assez vagues, car l'observation est extrêmement difficile. Il faut les faire pendant le jour, la lumière de Vénus étant trop éblouissante pendant la nuit. Nous offrons ici à nos lecteurs comme spécimens deux dessins faits à l'Observatoire de Nice, par M. Perrotin, le 17 avril 1890, de 4 heures 45 à 7 heures et le 27 septembre, de 1 heure à 5 heures.

Vénus tourne autour du Soleil en une révolution de 224 jours 16 heures, dans le même sens que la Terre elle-même, et, d'après les observations les plus récentes, elle paraît être dans une situation analogue à celle de Mercure et présenter toujours la même face au Soleil, d'où il résulterait qu'elle n'aurait, elle non plus, ni années, ni jours, ni nuits.

ni calendrier, et qu'un jour éternel régnerait sur l'hémisphère constamment exposé au Soleil, une nuit éternelle sur l'autre hémisphère! Mais c'est moins sûr que pour Mercure.

Comme dimensions, Vénus est la planète qui ressemble le plus à la Terre. Son diamètre est presque juste égal à celui de notre monde. Aucun autre globe du système ne pourrait offrir une telle similitude avec le nôtre. Jupiter, par exemple, est 1 279 fois plus gros que la Terre, Saturne 719 fois, Uranus 69 fois, Neptune 55 fois ; ce sont des colosses auprès de nous. Le volume de Mars au contraire n'est que les 15 centièmes de celui de la Terre, et le volume de Mercure n'est guère que les 5 centièmes du nôtre. Le volume de la Lune n'est que la 49e partie du volume de la Terre, c'est-à-dire un peu plus du tiers de celui de Mercure. Enfin les plus grosses des minuscules planètes qui circulent entre Mars et Jupiter ne mesurent que quelques centaines de kilomètres, et les plus petites descendent même à quelques kilomètres seulement. On voit que dans toutes ces diversités, Vénus peut vraiment être nommée la sœur jumelle de la Terre.

Les premières observations attentives ont montré à sa surface des irrégularités considérables pour son volume, formées par d'immenses et hautes chaînes de montagnes bien supérieures à nos Andes

et à nos Cordillères. Mais il a fallu les soins les
plus minutieux pour s'assurer de ces particulari-
tés, et surtout pour en déterminer la valeur. Les
mesures faites sur ces irrégularités s'accordent pour
faire penser que le monde de Vénus, quoique un
peu moins gros que le nôtre, possède des montagnes beaucoup plus élevées.

La curiosité et la persévérance des astronomes
ambitieux de scruter les mystères du véritable ciel,
sont également parvenus à lever un coin du voile
nuageux de l'atmosphère de Vénus.

Il se forme dans cette atmosphère, comme sur la
Terre, des nuages et d'immenses régions bru-
meuses. Nous pouvons même conclure, d'après
l'éclat tout particulier de la planète et d'après les
difficultés des observations, que l'état ordinaire de
son atmosphère est d'être peu transparente ou couverte de nuages; de sorte qu'en général nous ne
voyons que la surface extérieure formée par ces nuages et non pas, comme sur la Lune ou sur Mars, le
sol lui-même. Jusqu'en ces dernières années, on
pouvait douter de l'existence de l'atmosphère de
Vénus; mais aujourd'hui nous avons en mains les
preuves irrécusables de la similitude complète de ce
monde avec le nôtre; non seulement on sait que
cette atmosphère existe, mais encore on a pu mesurer son épaisseur, sa densité, et même sa constitu-

tion physique et chimique. Elle est presque deux
fois plus dense, et beaucoup plus élevée que la
nôtre, et elle renferme beaucoup de vapeur d'eau.

Les similitudes que ce monde offre avec le nôtre
par son volume, la constitution de son atmosphère
et sa proximité du Soleil, n'empêchent pas, comme
nous venons de le voir, qu'il n'en diffère sous un
point capital, celui des années, des saisons, des
jours et des nuits, qui semblent n'y pas exister.
Quels êtres habitent là? Nous ne le pouvons deviner. Mais la nature n'est-elle pas d'une fécondité
infinie !

MARS

Après Mercure et Vénus, on rencontre dans
l'espace, à 37 millions de lieues du Soleil, la
Terre, accompagnée de la Lune. C'est par la description de notre planète que nous avons commencé cet ouvrage. Continuons donc notre voyage
sans nous y arrêter.

Notre traversée céleste nous amène en ce moment
à l'orbite de la planète Mars, qui est la quatrième
du système solaire et qui vient immédiatement
après la Terre dans l'ordre des distances au foyer
commun des orbites planétaires. Mercure, Vénus
et la Terre ont successivement passé sous nos

yeux. Maintenant nous quittons tout à fait la Terre et les régions dans lesquelles elle se meut. L'orbite de Mars est la première *extérieure* à l'orbite terrestre. Se développent ensuite dans l'immensité les orbites de Jupiter, de Saturne, d'Uranus, de Neptune, qui s'embrassent l'une dans l'autre et se succèdent de distance en distance.

A l'œil nu, la planète Mars brille dans le ciel comme une étoile de première grandeur. Elle se distingue particulièrement par son éclat rouge, et dans tous les temps, elle a été remarquée pour cette coloration.

Elle circule autour du Soleil le long d'une orbite tracée à la distance moyenne de 56 millions de lieues du centre solaire. Comme l'orbite de la Terre est à la distance moyenne de 37 millions de lieues du même astre, l'orbite de Mars entoure celle de la Terre à 19 millions de lieues de distance. Cette orbite est de plus très elliptique, de telle sorte que d'un côté, elle se rapproche beaucoup plus de l'orbite terrestre que du côté opposé. Notre planète suit aussi une orbite elliptique. Par la combinaison des mouvements, Mars passe tous les quinze ans à 14 millions de lieues seulement, et c'est ce qui est arrivé notamment en 1877.

Cette planète a un diamètre de 6 728 kilomètres. Le tour du monde de Mars est donc de 21 123^{km}.

On voit qu'elle est plus petite que la Terre. Sa surface n'est que les 29 centièmes de la surface, du globe terrestre, et son volume n'est que les 15 centièmes du nôtre. Étant six fois et demie plus petite que la Terre en volume, elle se trouve être sept fois et demie plus grosse que la Lune et trois fois plus grosse que Mercure. Elle pèse neuf fois moins que notre globe : si l'on représente par 1000 le poids de la Terre, celui de Mars sera représenté par 105. Sa densité, comparée à la densité moyenne du globe terrestre, est de 0,711, c'est-à-dire les sept dixièmes de la nôtre.

Ce globe tourne sur lui-même en 24 heures 37 minutes 23 secondes. La durée du jour et de la nuit est donc à peu près la même sur Mars que sur la Terre ; elle surpasse la nôtre d'un peu plus d'une demi-heure seulement. Il est remarquable que cette durée soit sensiblement analogue pour ces deux planètes voisines.

Entre Mars et la Terre, la différence est donc peu sensible sous le rapport du mouvement de rotation : les phénomènes qui en sont la conséquence, la succession des jours et des nuits, le lever et le coucher du soleil et des étoiles, la fuite des heures, rapides ou lentes suivant l'état de l'âme, les travaux, les joies et les peines ; en un mot, le cours quotidien de la vie et la marche habituelle des choses s'y développent à peu près dans les mêmes conditions que chez nous.

La connaissance si exacte que nous avons du mouvement de rotation de la planète Mars (elle est tout aussi précise, en vérité, que celle du mouvement de la Terre elle-même) nous a permis de déterminer non moins exactement l'inclinaison de son axe de rotation sur le plan de son orbite. Cette inclinaison est tout à fait analogue à la nôtre. Il en résulte que les saisons y sont les mêmes qu'ici ; nous savons, du reste, *de visu*, que ces saisons ne sont pas très différentes des nôtres, quant à leur variation d'intensité entre l'été et l'hiver. Un astronome de la Terre n'a pas besoin de faire le voyage de Mars pour connaître ses climats.

Ce monde présente comme le nôtre trois zones bien distinctes : la zone torride, la zone tempérée et la zone glaciale. Ainsi, la durée des jours et des nuits, leurs différences selon les latitudes, leurs variations suivant le cours de l'année, les longues nuits et les longs jours des régions polaires, en un mot tout ce qui concerne la distribution de la chaleur, sont autant de phénomènes presque semblables sur Mars et sur la Terre. Entre les deux planètes cependant, il y a une très notable différence, c'est celle qui existe entre *la durée* des saisons.

Cette durée y est beaucoup plus longue. En effet,

l'année martienne est de 687 jours; chacune des quatre saisons est donc aussi près du double plus

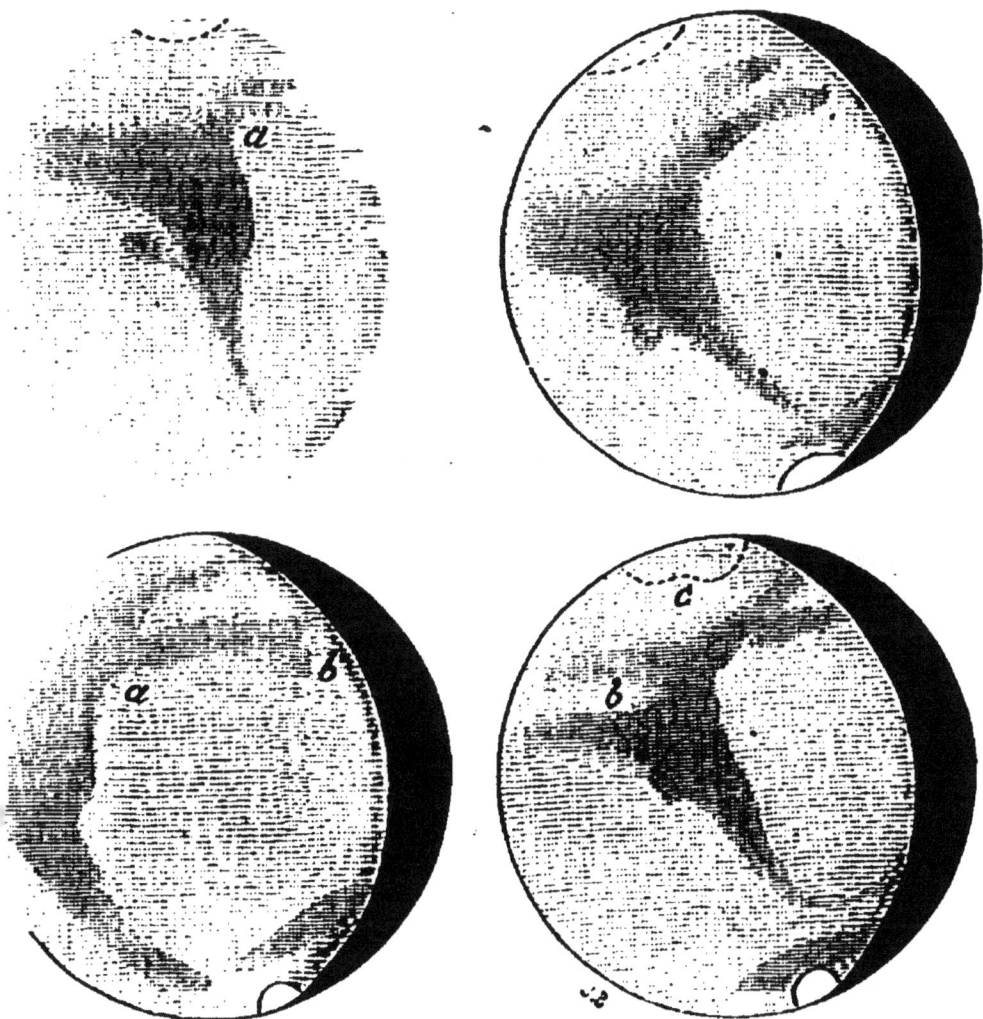

Fig. 42. — Aspect de la planète Mars.

longue qu'ici. De plus, l'orbite de Mars, étant très allongée, l'inégalité de durée des saisons y est plus marquée que chez nous.

Le jour de Mars est de 37 minutes plus long que le nôtre et son année compte 668 jours martiens. Tel est, pour les habitants de Mars, le nombre de jours de leur calendrier.

Nous pouvons étudier d'ici les variations climatologiques causées par ces saisons, et cette étude est une des plus intéressantes que nous puissions faire, car elle transporte notre pensée au sein d'une nature physique offrant avec la nôtre une sympathique analogie.

Depuis plus de deux siècles, nous observons de la Terre les faits principaux de la météorologie martiale; nous assistons d'ici à la formation des glaces polaires, à la chute et à la fonte des neiges, aux intempéries, nuages, pluies et tempêtes, et au retour des beaux jours, en un mot à toutes les vicissitudes des saisons. La succession de ces faits est aujourd'hui si bien établie, que les astronomes peuvent prédire d'avance la forme, la grandeur et la position des neiges polaires comme l'état probable, nuageux ou clair, de son atmosphère. Le globe de Mars est environné d'une atmosphère analogue à celle de la Terre.

La comparaison de tous les dessins télescopiques de Mars prouve qu'il y a sur ce globe des taches permanentes, et l'analyse de ces aspects a permis de tracer avec une certaine approximation, la géographie générale de ce monde. Les observations

étant assez nombreuses et assez concordantes pour
donner des résultats satisfaisants, nous possédons
aujourd'hui des cartes *géographiques* de Mars qui
représentent l'état actuel de nos connaissances sur
cette planète voisine [1].

La Géographie de Mars ne ressemble pas à celle
de la Terre. Tandis que les *trois quarts* de notre
globe sont couverts d'eau, la distribution des mers
et des terres est à peu près égale sur Mars, et même
il y a *un peu plus de terre que d'eau*. Au lieu d'être
des îles émergées du sein de l'élément liquide, les
continents semblent plutôt réduire les océans à de
simples mers intérieures, à de véritables médi-
terranées. Il n'y a point là d'Atlantique ni de Pacifique, et le tour du monde peut presque s'y faire à
pied sec. Les mers sont découpées en golfes variés
prolongés en un grand nombre de bras, s'élançant
comme notre mer rouge à travers la terre ferme.

On s'accorde à considérer comme *mers* les taches
sombres et comme *terres* le fond clair. Qu'il y ait de
l'eau sur ce monde, c'est ce qui est évident, attendu
qu'on la *voit* à l'état de glace polaire, de neiges
variables, et aussi à l'état de nuages flottant dans
l'atmosphère, et que, de plus, on en constate la

---

[1] On trouvera ces cartes dans nos ouvrages *Les Terres du
Ciel* et l'*Astronomie populaire*. Nous avons même publié un
petit globe géographique de la planète Mars.

présence à l'aide du spectroscope. Maintenant, les mers, vues de loin, sont-elles plus foncées que les terres ? Oui, car l'eau absorbe une grande partie de la lumière et n'en réfléchit que fort peu. Des terrains couverts d'eau doivent donc paraître sombres comparativement à tous les autres. Les mers de Mars sont légèrement teintées de vert, et les continents sont nuancés de jaune orangé. Sans doute que sur ce monde, les végétaux sont de cette couleur.

Cette curieuse planète voisine se montre généralement au télescope sous des aspects analogues à ceux que nous avons représentés plus haut (*fig*. 42) et qui reproduisent quelques-unes des observations que nous avons faites en 1890, à notre observatoire de Juvisy. Les taches grises représentent les mers, et des taches de neige se montrent aux pôles. Les trois premiers dessins ont été faits le même jour, le 30 juillet, à 6 heures 45, 7 heures 20 et 8 heures 45 : ils manifestent nettement la rotation de la planète de la droite vers la gauche. Le point *a* des figures I et 3 est un cap qui s'avance dans la mer et qui était bien visible ce jour-là. Un long bras de mer s'étend de *a* vers *b*. La figure 4 a été faite le 31 juillet, à 7 heures 20 et montre la même mer revenue devant nos yeux : en *b* une île, en *c* une région blanchâtre.

Dans les très puissants télescopes, les continents de Mars se montrent traversés par des lignes droites qui mettent en communication toutes les mers martiennes les unes avec les autres et qui s'entre-croisent mutuellement. M. Schiaparelli, l'observa-

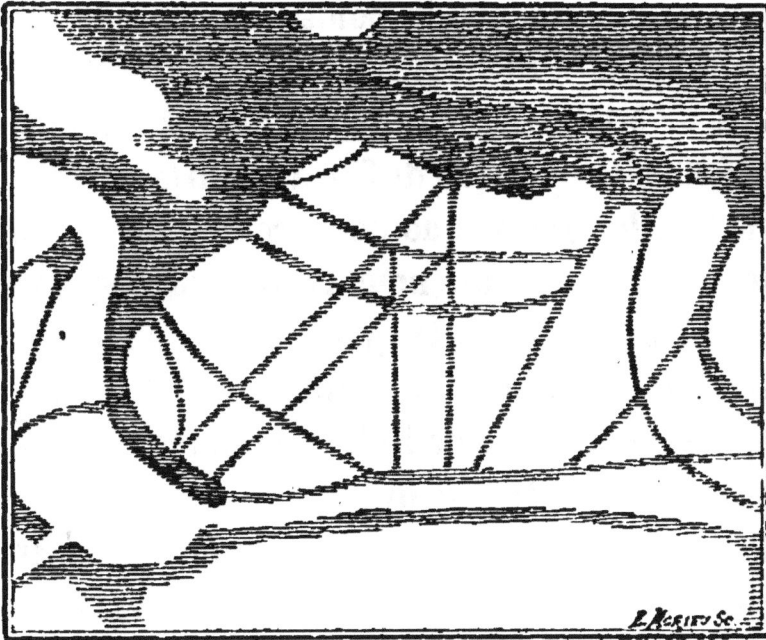

Fig. 43. — Les canaux de Mars.

teur éminent qui les a découverts, leur a donné le nom de *canaux*. Sont-ce véritablement des canaux? Seraient-ce d'anciens fleuves rectifiés et élargis ? Il y a moins d'eau sur Mars que sur la Terre. Les continents semblent absolument plats. Les obser-vateurs du ciel ont assurément ici l'un des plus curieux problèmes à résoudre. On aura une idée de cet aspect par le dessin que nous reproduisons ici, et qui montre une région traversée par ces canaux.

La densité moyenne des matériaux qui composent cette planète est inférieure à celle des matériaux constitutifs de notre globe; elle est de 71 pour 100. Il résulte, d'autre part, du volume et de la masse de Mars, que le poids des corps est extrêmement léger à sa surface. Ainsi, l'intensité de la pesanteur à la surface de la Terre étant représentée par 1000, elle n'est que de 376 à la surface de Mars : c'est *la plus faible* que nous connaissions, après celle de la Lune qui, nous l'avons vu, est encore plus faible. Il en résulte qu'un kilogramme terrestre transporté là ne pèserait plus que 376 grammes. Un homme du poids de 70 kilogrammes, transporté sur Mars, n'en pèserait que 26.

Telle est la physiologie générale de cette planète voisine. L'atmosphère qui l'environne, les eaux qui l'arosent et la fertilisent, les rayons de soleil qui l'échauffent et l'illuminent, les vents qui la parcourent d'un pôle à l'autre, les saisons qui la transforment, sont autant d'éléments pour lui construire un ordre de vie analogue à celui dont notre propre planète est gratifiée. La faiblesse de la pesanteur à sa surface a dû modifier particulièrement cet ordre de vie en l'appropriant à sa condition spéciale. Ainsi, le globe de Mars ne doit plus se présenter à nous comme un bloc de pierre tournant dans l'espace dans la fronde de l'attraction solaire, comme une masse inerte, stérile et inanimée; mais nous devons voir en lui *un monde vivant*, peuplé d'êtres qui peuvent offrir une grande analogie avec nous, orné de paysages analogues à ceux qui nous charment dans la nature terrestre... nouveau monde que nul Colomb n'atteindra, mais sur lequel cependant toute une race humaine habite sans doute actuellement, travaille, pense et médite comme nous sur les grands et mystérieux problèmes de la nature.

LES PETITES PLANÈTES

Nous devons faire ici une halte de quelques instants avant d'arriver au monde gigantesque de Jupiter, retenus par la république fort intéressante des petites planètes.

Ces petits cantons célestes sont au nombre de plusieurs centaines et se trouvent tous compris entre l'orbite de Mars et celle de Jupiter. La zone dans laquelle ils se meuvent est fort large d'ailleurs, car elle mesure près de cent millions de lieues.

Dans cette zone immense on a déjà découvert plus de trois cents petites planètes, et il ne se passe pas d'année sans que les astronomes, toujours en vigie au bord de l'Océan des cieux, n'en signalent de nouvelles, soit en les cherchant exprès, soit même en ne les cherchant pas, et en construisant des cartes d'étoiles voisines de l'écliptique. Tandis qu'on pointe les étoiles fixes qui doivent former la carte, on remarque un astre qui n'y était pas la veille ; on examine alors attentivement sa position et l'on constate qu'il n'est pas fixe. On sait ainsi que cet astre n'est pas une étoile, mais une planète. L'aspect n'est pas différent, car toutes ces petites planètes sont télescopiques, invisibles à l'œil nu, et ne présentent en moyenne que l'éclat d'une étoile de dixième à treizième grandeur. Ce sont sans doute des fragments d'un anneau de matières cosmiques, qui se sera formé aux temps de la création du système solaire, entre l'orbite de Mars et celle de Jupiter ; peut-être même plusieurs sont-ils des ruines de mondes détruits. Ils sont si petits qu'on ne peut encore rien apercevoir à leur surface et que nous ne savons presque rien sur leur histoire.

Nous avons représenté sur le plan du système solaire (p. 89) la zone de ces petites planètes qui gravitent entre Mars et Jupiter.

JUPITER

Nous arrivons ici au monde gigantesque de Jupiter, qui trône à la distance de 192 millions de

Fig. 44. — Aspect télescopique de Jupiter.

eues du Soleil, c'est-à-dire à une distance de
astre du jour cinq fois plus grande que celle de la
erre. Là, ce globe colossal gravite autour du

Soleil le long d'une orbite naturellement *extérieure* à la nôtre et cinq fois plus vaste, en une lente révolution qu'il emploie près de douze ans à accomplir. La durée précise de sa révolution autour du Soleil est de 4332 jours terrestres, ou de 11 ans 10 mois 17 jours.

Ce globe n'est pas sphérique mais sphéroïdal, c'est-à-dire aplati à ses pôles. L'œil le moins expérimenté le reconnaît aussitôt qu'il voit cette planète au télescope. L'aplatissement est de 1/17.

Le diamètre de Jupiter surpasse de plus de 11 fois celui de la Terre : il atteint 140926 kilomètres. Le tour de ce monde immense est donc de 442509 kilomètres. Son volume surpasse de 1279 fois celui de la Terre. Ajoutons encore que Jupiter est 309 fois plus lourd que notre planète. Sa densité n'est que le quart de celle de la Terre. La pesanteur à sa surface est deux fois et demie plus intense qu'ici : un homme du poids de 70 kilos transporté sur Jupiter, y pèserait 174 kilos.

Ce globe se montre sillonné de bandes plus ou moins larges, plus ou moins intenses, qui se forment principalement vers la région équatoriale. Ces bandes de Jupiter peuvent être regardées comme le caractère distinctif de cette gigantesque planète. On les a remarquées dès le premier regard télescopique qu'il a été donné à l'homme de jeter sur ce monde lointain, et depuis on ne les a vues absentes qu'on des circonstances extrêmement rares.

Parfois, indépendamment de ces traînées blanches et grises, qui souvent sont nuancées d'une coloration jaune et orangée, on remarque des taches, soit plus lumineuses, soit plus obscures que le fond sur lequel elles sont posées, ou encore des irrégularités, des déchirures très prononcées dans la forme des bandes. Si l'on observe alors avec attention la position de ces taches sur le disque, on ne tarde pas à remarquer qu'elles se déplacent de l'est à l'ouest. Cinq heures suffisent à une tache pour traverser le disque d'un bord à l'autre.

On aura une idée de l'aspect télescopique actuel de la planète Jupiter par l'examen de notre figure 44. On remarquera, dans la zone blanche au-dessus de l'équateur, une tache grise allongée, qui est rougeâtre dans le télescope. Cette tache qui dure depuis plusieurs années et paraît représenter des vapeurs au-dessus d'un continent en formation, mesure 46 000 kilomètres de longueur sur 14 000 de largeur. Elle est donc près de quatre fois plus longue que le diamètre de la Terre.

Ces taches appartiennent à l'atmosphère même de Jupiter. Elles ne voyagent pas autour de la planète comme ses satellites, avec une vitesse propre indépendante du mouvement de rotation, mais font parlle de l'immense couche nuageuse qui environne ce vaste monde. D'un autre côté, elles ne sont pas non plus fixes à la surface du globe, comme le sont les continents et les mers de Mars, mais relativement mobiles, comme nos nuages dans l'atmosphère. Leur déplacement, leur disparition à l'ouest, et leur réapparition à l'est, leur retour même exactement mesuré sur le méridien central, ne donnent pas à l'observateur la durée précise du mouvement de rotation de la planète autour de son axe. Pour déterminer ce mouvement, il faut faire un grand nombre d'observations.

On a constaté ainsi que cette immense planète est animée d'un mouvement de rotation plus de deux fois plus rapide que celui de la Terre ; au lieu d'être de 24 heures, la durée du jour et de la nuit n'est même pas de 10 heures ; on n'y compte que 4 heures 57 minutes entre le lever et le coucher du soleil, et, à toute époque de l'année, la nuit y est encore plus courte, à cause des crépuscules. Comme d'autre part, l'année est presque égale à douze des nôtres, la rapidité des jours fait que les habitants de Jupiter comptent 10455 jours dans leur année. C'est là, assurément, un calendrier bien différent du nôtre! Une nouvelle différence vient s'y ajouter : l'absence de saisons. Jupiter tourne, en effet, de telle sorte que son axe de rotation est presque per-

pendiculaire au plan dans lequel il se meut autour
du Soleil. La position que la Terre présente le jour
de l'équinoxe, Jupiter la conserve toujours, de sorte
qu'on peut dire que ce monde immense jouit d'un
printemps perpétuel. L'inclinaison de l'équateur
n'y est que de trois degrés, c'est-à-dire à peu près
insignifiante. Il en résulte que la durée du jour et
de la nuit y reste la même pendant l'année entière
sous toutes les latitudes, que le jour y est constamment égal à la nuit (un peu plus long à cause des
crépuscules), que la température y demeure toujours pareille à elle-même, que jamais on n'y subit
les frimas de l'hiver ni les chaleurs torrides de
l'été, et que les climats s'y succèdent doucement et
harmoniquement, suivant une gradation lente et
uniforme de l'équateur aux deux pôles.

Le régime météorologique de Jupiter, tel que
nous l'observons de la Terre, conduit à la conclusion que l'atmosphère de cette planète subit des
variations plus considérables que celles qui seraient
produites par la seule action solaire ; que cette
atmosphère est très épaisse ; que sa pression est
énorme ; et que la surface du globe ne paraît pas
arrivée à l'état de fixité et de stabilité auquel la
Terre est parvenue aujourd'hui. Il est probable que,
quoique né avant la Terre, ce globe a conservé sa
chaleur originaire beaucoup plus longtemps, en

raison de son volume et de sa masse. Cette chaleur propre que Jupiter paraît posséder encore est-elle assez élevée pour empêcher toute manifestation vitale, et ce globe est-il encore actuellement non pas à l'état de soleil lumineux, mais à l'état de soleil obscur et brûlant, tout entier liquide ou à peine recouvert d'une première croûte figée, comme la Terre l'a été avant le commencement de l'apparition de la vie à sa surface? Ou bien cette colossale planète se trouve-t-elle dans l'état de température par lequel notre propre monde est passé pendant *la période primaire des époques géologiques*, où la vie commençait à se manifester sous des formes étranges, en des êtres végétaux et animaux d'une étonnante vitalité, au milieu des convulsions et des orages d'un monde naissant? — Cette dernière conclusion est la plus rationnelle que nous puissions tirer des observations.

Ajoutons que ce monde vogue accompagné de quatre satellites tournant autour de lui, aux distances respectives de 430000, 682000, 1088000 et 1914000 kilomètres, en des périodes de 1 jour 18 heures, 3 jours 13 heures, 7 jours 4 heures et 16 jours 16 heures. Le troisième est plus gros que Mercure et égale presque la moitié de la Terre.

SATURNE

De la Terre à l'orbite de Mars nous avons parcouru 19 millions de lieues; de l'orbite de Mars à celle de Jupiter nous en avons traversé 136; pour atteindre Saturne il nous faut maintenant franchir d'un bond un nouvel abîme de 163 millions de lieues encore, puisque cette planète gravite à la distance de 355 millions de lieues de l'astre central de notre système, — distance presque dix fois supérieure à celle de la Terre au même centre. La révolution de Saturne autour du Soleil demande 10759 jours pour s'accomplir, soit 29 ans et 167 jours. Ce monde mesure près de cent mille lieues de tour; son diamètre est à celui de la Terre dans la proportion de 9,30 à 1 et mesure 118500 kilomètres; sa surface est 85 fois plus vaste que celle de notre petite planète, et son volume est 719 fois plus considérable. Il ne pèse pourtant que 92 fois plus que la Terre, ce qui prouve qu'il est composé de matériaux moins lourds, et que sa densité moyenne n'est que les 128 millièmes de celle de notre globe. Il flotterait sur un océan comme une boule de bois.

Le globe de Saturne est encore plus aplati à ses pôles que celui de Jupiter, car son aplatissement est.

do 1/10; de sorte que, tandis que son diamètre équatorial mesure 112 500 kilomètres, son diamètre polaire n'en mesure que 110 000.

Ce monde immense tourne sur lui-même en 10 heures 15 minutes. Son année ne compte pas moins de 25 217 jours !

Il a des saisons, à peu près de même intensité relative que les nôtres, mais dont chacune dure plus de sept ans. A l. distance à laquelle il gravite autour du Soleil, la chaleur et la lumière qu'il en reçoit sont 90 fois plus faibles que celles que nous en recevons; mais il est possible que son atmosphère soit constituée de façon à emmagasiner cette chaleur et à ne rien laisser perdre.

Saturne présente un phénomène unique dans le système solaire : le globe qui forme la planète proprement dite est entouré, à une distance considérable, d'un anneau presque plat et fort large, que nous voyons obliquement, et qui, au lieu de nous paraître circulaire, nous semble elliptique et d'une dimension transversale variable. Vue de la Terre, une portion de l'anneau paraît passer sur la planète, tandis que la partie opposée passe derrière. Celle qui passe devant porte une ombre marquée. La planète n'est point lumineuse par elle-même ; elle est comme ses sœurs, simplement éclairée par le Soleil.

C'est assurément ici la merveille de tout le système du monde! Quelle singulière création! Suspendu dans le ciel saturnien, à la hauteur de
20 000 kilomètres au-dessus de l'équateur, cet arc
de triomphe céleste semble une couronne de gloire,

Fig. 45. — La planète Saturne.

couronne mesurant 71 000 lieues de diamètre et
moins de cent kilomètres d'épaisseur.

L'anneau de Saturne est divisé en trois zones
distinctes. Il se compose en fait d'une multitude de
particules emportées dans un tournoiement rapide
autour de la planète. Les parties les plus proches
doivent accomplir leur révolution en 5 h. 50 m.,

les plus éloignées en 12 h. 5 m. sous peine de s'écrouler à la surface de la planète.

Outre ce curieux système, Saturne est encore enrichi de *huit* satellites tournant autour de lui!

URANUS

Notre voyage planétaire nous a transportés dans les régions extrêmes du domaine du Soleil, régions découvertes seulement par les dernières conquêtes de l'astronomie. Pour l'antiquité, Saturne marquait la limite du système. Tout à coup, en 1781, la découverte d'une planète nouvelle, faite par William Herschel, astronome hanovrien émigré en Angleterre, recula d'un bond cette limite de 355 à 733 millions de lieues! Ce fut une véritable révolution. On donna à cette planète le nom d'Uranus.

A cette distance du centre commun des orbites planétaires, Uranus gravite en une lente révolution qui demande pour s'accomplir 84 de nos années. Chaque année d'Uranus est donc égale à 84 des nôtres; si la biologie y est dans le même rapport que la nôtre avec la translation de la planète, un enfant de 10 ans compte 840 années terrestres, une « jeune fille » de dix-huit ans n'a pas moins de 1 700 printemps, et un centenaire a vécu 8 400 de nos années, — c'est-à-dire qu'il est né quatre mille ans avant la fondation des Pyramides.....

Uranus mesure 55.400 kilomètres de diamètre. Il en résulte que le volume de cette planète est 69 fois plus gros que celui de la Terre. Elle pèse 14 fois plus que notre planète. La matière qui la compose est beaucoup plus légère que celle de notre monde. Sa densité n'est que le cinquième de la nôtre, elle est plus forte que celle de Saturne, mais plus faible que celle de Jupiter.

Ce monde est entouré de quatre satellites, qui, au lieu de tourner de l'ouest à l'est, comme dans tout le système solaire, très peu inclinés sur le plan de l'orbite, tournent dans un plan presque perpendiculaire à celui dans lequel la planète se meut. L'axe de rotation coïncide-t-il avec le plan de révolution des satellites? On a observé des bandes équatoriales, rappelant celles de Jupiter, et indiquant plutôt une inclinaison de 58°. C'est déjà considérable. Le soleil uranien s'éloigne pendant le cours de sa longue année jusqu'à cette même latitude : c'est comme si notre soleil abandonnait le ciel étonné de l'Afrique centrale et des tropiques pour venir planer au zénith de Saint-Pétersbourg! ou comme si, à Paris, nous voyions en été l'astre du jour tourner autour du pôle sans se coucher, même à minuit, pendant 21 ans (quel été !) et rester invi-

sible en hiver, pendant 21 ans aussi... Les saisons
y sont vraiment étranges, car les régions équatoriales n'y sont pas plus privilégiées que les régions
polaires. Relativement à la Terre, c'est vraiment
là un monde renversé.

Mais, d'autre part, qu'est-ce que des saisons
produites par un soleil 390 fois moins chaud que le
nôtre? Uranus étant 19 fois plus éloigné que nous
de l'astre central, cet astre lui offre un disque
19 fois plus petit en diamètre, par conséquent
390 fois plus petit en surface.

L'atmosphère d'Uranus a été constatée par l'analyse spectrale. Elle diffère de la nôtre par ses facultés
d'absorption, ressemble plus à celles de Saturne et
de Jupiter qu'à celle que nous respirons, et renferme des gaz *qui n'existent pas sur notre planète*.

Voilà donc un monde qui diffère du nôtre à tous
les points de vue, autant et plus que les conditions
d'habitabilité du fond obscur des mers. Nous en
concluons qu'il ne peut pas être habité... par des
êtres semblables à nous.

Jusqu'à présent, on n'a rien pu distinguer de bien
certain à sa surface, à part quelques bandes équato-
toriales à peine sensibles.

NEPTUNE

Tandis qu'en 1781 la découverte d'Uranus avait reculé les frontières du système solaire de 355 à 733 millions de lieues du Soleil, en 1846 la découverte de Neptune par Le Verrier rejeta, par un autre bond, ces frontières de 733 à 1100 millions, plus d'un milliard de lieues! C'est ainsi que l'idée de l'univers s'est agrandie dans l'esprit humain en raison directe des découvertes de l'astronomie.

Neptune mesure 48 000 kilomètres de diamètre. Sa surface est 16 fois plus vaste que celle de notre globe, et son volume vaut à lui seul 55 terres. Il est accompagné d'un satellite.

Chaque année de ce monde est égale à 165 des nôtres! Comme nous le remarquions pour Uranus, si l'on y vit en moyenne autant d'*années* qu'ici, les enfants y sont encore en nourrice à l'âge de 200 ans, ans, on y tire au sort à l'âge de 3 300 ans (si cette heureuse invention de la guerre permanente y a été imaginée comme sur notre intelligente planète), et les centenaires gémissent sous le poids de 16 500 hivers! Sans doute la vie s'y écoule-t-elle fort lentement.

On conçoit qu'à l'éloignement de plus d'un milllard de lieues qui sépare toujours cette planète de la nôtre, nos plus puissants téléscopes ne parviennent à rien distinguer à sa surface. Sa constitution physique nous reste donc à peu près inconnue. Nous savons cependant, d'après la vitesse de son satellite, et d'après les perturbations exercées sur Uranus, que sa masse est 16 fois plus forte que celle de la Terre, que sa densité moyenne n'est que le tiers de celle de notre globe, et que la pesanteur y est à peu près la même qu'ici. L'analyse spectrale a constaté de plus avec certitude, comme dans le cas d'Uranus, l'existence d'une atmosphère absorbante dans laquelle se trouvent des gaz qui *n'existent pas dans la nôtre*, et offrant presque une identité de composition chimique avec celle d'Uranus.

La distance de Neptune au Soleil étant 30 fois plus grande que celle de la Terre, l'astre du jour (devons-nous encore lui donner ce nom ?) offre un diamètre 30 fois plus petit que notre Soleil terrestre et envoie 900 fois moins de lumière et de chaleur. C'est comme un crépuscule éternel.

Telle est la dernière île de notre archipel planétaire ; telle est la dernière province connue de la république solaire, dernière étape de notre description de ce système.

XII

COMÈTES, ÉTOILES FILANTES, URANOLITHES

De toutes les curiosités du ciel, les comètes sont assurément les astres qui nous frappent le plus par leur aspect mystérieux et souvent étrange. Elles nous arrivent des profondeurs de l'espace, apparaissent pendant quelque temps en vue de la Terre, et retournent dans l'invisible. Comme il n'est pas rare qu'une nation ou une autre soit victime de quelque calamité, soit naturelle, soit humaine, telles que guerres, révolutions, épidémies, inondations, sécheresses, misères de tout genre, et que, surtout dans les temps passés, les malheurs populaires étaient plus fréquents encore, d'autant plus que la mort d'un roi ou simplement d'un prince était regardée comme une vraie catastrophe nationale, les coïncidences étaient inévitables, et ces astres che-

velus étaient considérés comme autant de signes de
la colère céleste, Dieu étant alors imaginé sous les
traits d'un vieil empereur irascible constamment

Fig. 46. — Ce que nos aïeux voyaient dans une comète,
d'après Ambroise Paré (1527).

on colère. La peur des comètes, qui tant de fois ont
annoncé la fin du monde, a cependant fini par disparaître avec les progrès de l'astronomie et de la

LA GRANDE COMÈTE DE 1858,

raison, et aujourd'hui ce qui nous intéresse le plus
en elles, ce n'est point leur influence imaginaire
sur nos destinées, mais leur nature réelle, leur
rôle dans le système du monde.

Pour rappeler, en passant, les idées véritablement stupéfiantes que l'on se formait autrefois sur
ces astres vagabonds, nous reproduisons ici (*fig.* 46)
une vignette que nous avons découverte dans le
grand ouvrage du fameux chirurgien Ambroise Paré
(au chapitre des monstres). Voilà pourtant ce que
l'imagination de nos pères croyait voir dans une comète : poignard tenu par une main, têtes coupées,
glaives, sabres, épées, tout un arsenal de guerre.
La description textuelle concorde exactement avec
la figure. Il s'agit ici de la comète de 1527 qui, assurément, a été bien innocente de cette formidable
interprétation.

L'aspect de ces astres bizarres n'est pas aussi ter-
rible que celui-là; mais il est souvent grandiose.
Les comètes de 1744 et 1811, par exemple, ont
frappé d'étonnement les populations. L'une des
plus belles de notre dix-neuvième siècle a été celle
de 1858, dont nous reproduisons ici la figure
d'après un dessin fait de la terrasse de l'Observatoire de Paris.

Les comètes sont des nébulosités transparentes,
sans masse et sans densité, des bouffées d'air pur

incomparablement plus légères que l'atmosphère respirée par nos poumons, qui circulent dans l'espace le long d'orbites très elliptiques. Notre figure 48 montre la forme de ces orbites. Elles ne passent en vue de la Terre que dans une partie de leur cours, comme on peut facilement s'en rendre compte à l'examen de la figure. Le petit cercle re-

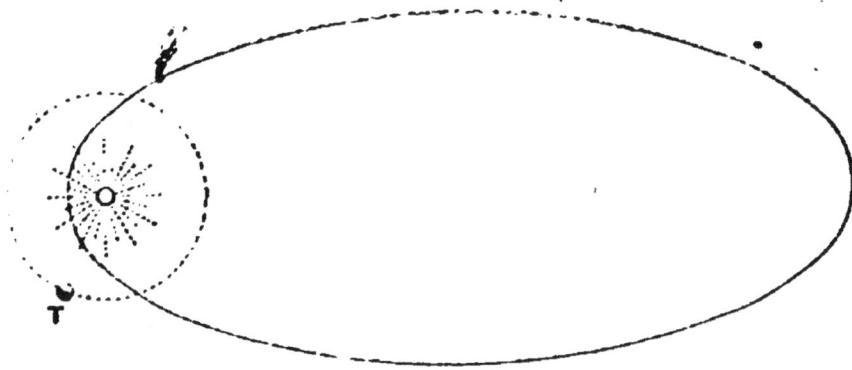

Fig. 48. — L'orbite d'une comète.

présente l'orbite annuellement décrite par la Terre autour du Soleil.

Elles arrivent de l'espace dans toutes les directions, avec toutes les inclinaisons sur le plan dans lequel notre planète circule autour du Soleil, et quoique l'espace en soit très peuplé, et qu'il y en ait des milliers autour de nous, cependant elles ne peuvent pas rencontrer la Terre aussi facilement que semblerait le montrer la figure tracée sur une feuille de papier. Leurs orbites entrelacent celle de notre globe comme des anneaux qui ne la toucheraient en aucun point, et elles peuvent être perpendiculaires aussi bien qu'horizontales. Il est presque impossible qu'une comète rencontre une planète, parce que pour que cette coïncidence précise arrive, il faut non seulement que l'astre chevelu croise juste la route céleste suivie par la planète, mais encore la croise juste à l'heure où la planète y passe. Pourtant cette double coïncidence peut arriver. Ainsi, par exemple, sur des milliers de comètes observées par les astronomes depuis cinq ou six mille ans, il y en a un très petit nombre qui croissent précisément l'orbite terrestre. L'une d'entre elles a été celle de 1832 : elle a traversé l'orbite terrestre pendant la nuit du 29 au 30 octobre 1832. Mais l'orbite terrestre, ce n'est pas la Terre, qui n'est qu'un point sur cette route immense, le long de laquelle elle vole avec une vitesse de 106 000 kilomètres à l'heure, comme nous l'avons vu plus haut. Lorsque la comète de 1832 a traversé l'orbite terrestre, notre planète en était à plus de quatre-vingt millions de kilomètres, car elle n'est arrivée là que plus d'un mois après le passage de la comète, le 30 novembre.

On avait eu peur, néanmoins, les astronomes n'ayant pas exactement spécifié cette distinction entre la route et le véhicule. Pour que deux trains

so rencontrent, il faut qu'ils passent au même endroit au même moment.

Une comète a-t-elle jamais vraiment rencontré
la Terre? Si cet événement arrivait, quelles en seraient les conséquences?

Le 30 juin 1861, la Terre a rencontré l'extrémité
de la queue de la grande comète de cette année-là.
Personne ne s'en est aperçu. Mais ce n'était que
l'extrémité de la queue.

Le 27 novembre 1872, la comète de Biéla, qui
était perdue depuis longtemps, devait rencontrer
la Terre. Au lieu d'une comète, on a reçu une pluie
d'étoiles filantes. On a évalué leur nombre à cent
soixante mille. La même rencontre est arrivée le
27 novembre 1885. La comète perdue s'était, en effet, désagrégée en étoiles filantes.

En 1770, la grande comète de Lexell a couru droit
sur Jupiter et a traversé dans son vol rapide tout
son système de quatre satellites. Ces satellites n'en
ont éprouvé aucune perturbation. Au contraire,
c'est la comète qui a été dérangée dans son cours,
et très fortement.

Ces astres dont la figure et la forme produisent
une impression si puissante sur l'imagination des
hommes, semblent n'avoir aucune masse et être
surtout composés de gaz dont la légèreté est extrême. Lorsqu'une comète passe devant une étoile,

elle ne l'éclipse pas : l'étoile continue de briller.
C'est ce qui arrive de temps en temps et ce que l'on
a observé, notamment le 24 juillet 1890 (voy. notre
Revue mensuelle d'Astronomie populaire). Lorsqu'une comète passe devant le Soleil, ce qui arrive
aussi quelquefois, et a été observé entre autres, le
17 septembre 1882, elle disparaît entièrement.
Les noyaux mêmes sont donc d'une transparence
absolue, à l'exception peut-être de quelques granu-
lations.

L'analyse spectrale y reconnaît surtout des gaz
carbonés, des hydrocarbures, des combinaisons de
l'hydrogène avec le carbone. En approchant du
Soleil, ces gaz s'échauffent, se dilatent, s'électri-
sent, et donnent naissance à ces queues fantastiques
de plusieurs millions de lieues de longueur qui
semblent pour ainsi dire immatérielles et sont sans
doute une excitation électrique de l'éther. Ces
queues sont toujours opposées au Soleil, non point
en arrière de la comète, comme on serait porté
à se l'imaginer, mais quelquefois même en avant
d'elle. Parfois, elles sont tout à fait rectilignes ; ordinairement elles se montrent légèrement courbées.

Le 27 février 1843, le 27 janvier 1880 et le 17 septembre 1882, on a vu une comète se précipiter jusque tout contre le Soleil, en faire le tour en quelques heures avec une vitesse de 500 000 mètres par

seconde, entraînant avec elle une queue rectiligne de plusieurs millions de lieues de longueur.

Rien ne nous prouve encore que les gaz dont se composent les noyaux cométaires soient absolument inoffensifs, et que dans une rencontre avec la Terre, incomparablement plus précipitée que celle de deux trains express (les comètes volent encore plus rapidement que la Terre), la transformation du mouvement en chaleur et la combinaison de ces gaz avec l'oxygène de notre atmosphère ne puissent avoir pour résultat l'incendie général du monde où nous vivons. Il est bien certain que si les astronomes annonçaient dans les journaux pour un jour et une heure déterminés la rencontre d'une comète flamboyante que l'on verrait arriver graduellement des profondeurs de l'espace, les affaires de la politique, du commerce, de la Bourse, aussi bien que tous les plaisirs du monde, pâliraient assez vite. La perspective d'une catastrophe aussi prochaine donnerait quelque émotion aux plus braves, et les inégalités sociales s'effaceraient devant la menace universelle. Qui sait ce qui résulterait d'une pareille rencontre!

D'où viennent les comètes? Si elles arrivaient de l'espace extérieur à notre système, leurs orbites seraient moins courbes qu'elles ne le sont. La forme de ces orbites indique plutôt comme origine notre propre système. Toutes les comètes dont le retour a été observé suivent des ellipses allongées dont une extrémité est plus ou moins proche du Soleil et dont l'extrémité éloignée est voisine d'une orbite planétaire. Les planètes ont donc exercé une influence certaine et prépondérante sur les orbites cométaires. Un très grand nombre ont leur aphélie non loin de l'orbite de Jupiter.

Cet état de choses montre que les planètes ont capturé au passage les comètes qui sont passées dans leur voisinage et leur ont imposé une route dont la section extérieure ne peut pas être éloignée de ces orbites, ou bien que peut-être même les planètes seraient les mères de plusieurs comètes et les auraient expulsées de leur sein à une époque à laquelle les volcans étaient beaucoup plus puissants que de nos jours.

Nous venons de parler tout à l'heure de la pluie d'étoiles filantes du 27 novembre des années 1872 et 1885, qui a remplacé la comète de Biéla perdue. L'origine des étoiles filantes paraît, en effet, se lier très intimement à celle des comètes. Il semble bien, d'après l'ensemble des observations, que la destinée des comètes soit de se désagréger et de se réduire en étoiles filantes.

Les étoiles filantes sont de petites molécules très minimes, qui circulent dans l'espace et rencontrent la Terre sur leur passage. En pénétrant dans notre

Fig. 49. — Chute d'un bolide en plein jour au milieu
de la campagne.

atmosphère, leur mouvement rapide produit, même
dans les régions supérieures les plus raréfiées, un

frottement et une compression de l'air qui échauffe
ces légères particules au point de les rendre incan-
descentes et même de les consumer tout à fait.
Leur vitesse propre est de 42 000 mètres par seconde; celle de la Terre est de 30 000 mètres. Si
nous les rencontrons de face, elles peuvent donc
pénétrer notre atmosphère avec une vitesse de
72 000 mètres ! En général, cette vitesse est de
trente à quarante mille mètres par seconde, parce
qu'elles nous arrivent plus ou moins obliquement.

Leur hauteur à l'arrivée est généralement de
120 kilomètres; elle est de 80 à la fin du passage
visible. L'atmosphère s'élève donc au moins jusqu'à cette hauteur de 120 kilomètres.

Ordinairement, elles sont entièrement consumées
et tombent alors lentement dans l'atmosphère à
l'état de poussières invisibles. Elles sont surtout
composées de fer et de nickel, et on en trouve partout des traces à la surface du sol, sur les neiges
éternelles des Alpes, dans l'eau de pluie, dans les
régions où la fumée des usines n'a pu jeter aucune
particule ferrugineuse. On estime que le globe terrestre en reçoit 146 milliards par an. Cet apport
accroît lentement la masse de la Terre et a pour
effet de ralentir son mouvement de rotation et d'ac-
croître le mouvement de révolution de la Lune.

Parfois, elles résistent à l'absorption de l'atmosphère et continuent leurs cours après avoir à peine effleuré même les couches supérieures. C'est surtout lorsque ce sont des bolides plus ou moins considérables.

Quoique la rencontre des étoiles filantes soit perpétuelle, il y a des époques où elles nous arrivent par essaims de certaines régions du ciel. Telles sont, par exemple, les dates des 10 août et 14 novembre. Le premier essaim suit dans l'espace la même orbite que la grande comète de 1862, et semble arriver de la constellation de Persée; le second suit l'orbite de la comète de 1866 et semble émerger de la constellation du Lion. Le 27 novembre, notre planète rencontre, d'autre part, comme nous l'avons vu, les débris de la comète de Biéla, qui semblent arriver de la constellation d'Andromède. D'autres jours de l'année sont également caractérisés par des chutes d'étoiles, mais moins importantes que les trois précédentes.

Nous venons de parler de bolides. Nous pourrions ajouter aussi les aérolithes, ou, pour mieux dire, les *uranolithes*, pierres tombées du ciel, quoique leur origine ne paraisse pas être cométaire.

Les bolides se présentent à nous comme un trait d'union entre les étoiles filantes et les uranolithes. Une étoile filante très brillante et très proche de nous reçoit la qualification de bolide, qui est également partagée par un uranolithe au moment de sa chute. Mais peut-être devrait-on réserver le titre de bolides aux chutes d'uranolithes.

De toute antiquité on a su que des pierres tombent parfois du ciel, quoique les Académies ne l'aient admis qu'au commencement de notre siècle. Mais des témoins nombreux avaient assisté à cet étonnant spectacle, et les anciens Grecs en doutaient si peu qu'ils conservaient avec vénération la pierre céleste tombée près du fleuve Ægos, et avaient même donné au fer le nom de *Sidéros*. Les premiers outils de fer paraissent avoir été fabriqués avec du fer tombé du ciel.

Il ne se passe pas d'années sans que l'on soit témoin de plusieurs chutes d'uranolithes, en un point ou en un autre du globe. Un corps éclatant se précipite du haut des cieux avec un bruit strident et en arrivant sur le sol s'y enfonce à quarante, cinquante, soixante centimètres et davantage. Généralement, cette chute est accompagnée par une ou plusieurs détonations, semblables à des coups de tonnerre, produites par l'explosion du bolide, qui éclate parfois en milliers de morceaux. Lorsqu'on arrive au point de chute et qu'on déterre l'objet céleste, on le trouve brûlant. Toute sa surface est couverte d'un enduit produit par la fusion, quoique l'intérieur soit absolument glacé. Ces objets sont surtout composés de fer, ou d'une pâte de fer dans laquelle il y a des parties pierreuses, ou d'une

pâte pierreuse, dans laquelle le fer est dissé-
miné en grenailles. Parfois, comme dans l'uranolithe tombé le 14 mai 1864 à Orgueil (Tarn-et-
Garonne), on n'y trouve ni fer ni pierres, mais une
substance charbonneuse.

Lorsqu'on assiste à la chute d'un bolide, on se
trompe presque toujours dans l'estimation de la
distance, à moins qu'il ne soit tout voisin et qu'on
soit témoin de la chute même. On croit toujours le
passage beaucoup plus proche. Un jour, je reçus du
nord de l'Italie, l'annonce d'un bolide que l'on m'as-
surait être tombé vers Milan. De Suisse on m'an-
nonça sa chute dans le lac de Genève. De Chaumont,
on m'assura qu'il avait dû tomber aux nord de la
ville. De Boulogne-sur-Mer, on l'avait vu choir dans
la Manche. En fait, il était tombé en Angleterre.

Les chutes de bolides, soit en plein jour, soit
pendant la nuit, sont assez rares pour un lieu déterminé. Nous parlons des chutes observées complètement, dans lesquelles on recueille les pierres
tombées du ciel. La dernière constatée en France a
eu lieu le 10 août 1885, à Grazac (Tarn) : cette chute
incendia complètement une meule de 1500 gerbes
de blé à la métairie de Laborie. On a eu quelquefois des morts d'hommes à déplorer.

Le Muséum d'histoire naturelle de Paris renferme un grand nombre d'échantillons de diverses

chutes. Le plus gros a été trouvé au Mexique et pèse 780 kilos.

Les bolides et les uranolithes n'ont pas la même origine que les étoiles filantes, ou du moins leurs chutes n'offrent aucune coïncidence avec celles des étoiles filantes. Sans doute proviennent-ils d'explosions, de volcans planétaires. Un très grand nombre pourraient avoir la Terre même pour origine et avoir été lancés du sein de notre planète. Leur composition minérale est en effet celle des matériaux terrestres. Il faudrait pour cela qu'ils eussent été lancés par les volcans formidables des périodes géologiques avec une force initiale comprise entre 8 000 et 11 000 mètres par seconde. Ils se seraient alors éloignés de la Terre jusqu'à des distances proportionnelles à cette vitesse initiale, et seraient forcés de revenir à l'orbite terrestre. Une vitesse supérieure à 11 000 mètres enverrait un projectile dans l'infini, et il ne retomberait *jamais*.

L'excursion que nous venons de faire dans le système des comètes, a jeté, pour ainsi dire, un pont entre le monde planétaire et l'univers extérieur, entre le soleil et les étoiles. La suite de notre voyage céleste nous éloigne maintenant de tout ce qui avoisine la Terre et nous lance vers les innombrables soleils qui peuplent l'infini.

XIII

LE CIEL ÉTOILÉ

DESCRIPTION GÉNÉRALE DES CONSTELLATIONS.

Au sein de la nuit silencieuse, les étoiles brillent au fond des cieux, paraissant former dans l'immensité de l'étendue certaines associations mystérieuses. Elles s'avancent lentement, de l'est vers l'ouest, avec le char de la nuit, apportant tour à tour devant nos yeux tout l'ensemble du ciel étoilé, qui semble tourner autour de nous comme si l'homme était le souverain contemplateur des choses. Quels noms a-t-on donnés à ces visiteurs célestes, comment peut-on les reconnaître facilement, que sont tous ces astres étincelants? Ce sont là des questions que chacun se pose en face du ciel et auxquelles il est très simple de répondre.

Cherchons d'abord à lire ce grand livre du Ciel, toujours ouvert à nos yeux.

On peut arriver facilement à trouver les principales étoiles, en se servant de quelques alignements.

Tout le monde connaît la Grande Ourse, constellation formée de sept astres assez brillants tournant autour de l'étoile du nord ou étoile polaire. On l'appelle aussi le Chariot de David. Quelles que soient la nuit et l'heure, elle est toujours visible, soit dans les hauteurs du ciel, soit en bas, vers l'horizon, soit à l'est, soit à l'ouest, changeant de directions suivant les heures et les saisons.

La figure suivante représente cette constellation importante. Vous l'avez tous vue, n'est-ce pas? Elle ne se couche jamais. Nuit et jour elle veille au-dessus de l'horizon du nord, tournant lentement, en vingt-quatre heures, autour d'une étoile dont nous allons parler tout à l'heure. Dans la figure de la Grande Ourse, les trois étoiles de l'extrémité forment la queue, et les quatre en quadrilatère se trouvent dans le corps. Dans le Chariot, les quatre étoiles forment les roues, et les trois le timon. Au-dessus de la seconde d'entre ces dernières (ζ) nommée aussi Mizar, les bonnes vues distinguent une toute petite étoile nommée Alcor, que l'on appelle aussi le Cavalier. Les Arabes l'appellent Saïdak, c'est-à-dire l'épreuve, parce qu'ils s'en servent pour éprouver la portée de la vue. Des lettres grecques

servent à désigner chaque étoile ; ce sont les premières de l'alphabet : alpha (α) et bêta (β) marquent
les deux premières étoiles, gamma (γ) et delta (δ),
les deux autres, epsilon (ϵ), zêta (ζ), êta (η), les trois
du timon ; on leur a également donné des noms
arabes, que je passerai sous silence, parce qu'ils
sont généralement inusités, à l'exception de Mizar.

Cette brillante constellation septentrionale, com-

Fig. 50. — Les sept étoiles principales de la Grande Ourse.

posée (à l'exception de δ) d'étoiles de seconde grandeur, a reçu depuis les temps antiques le don de
captiver l'attention des contemplateurs et de per-
sonnifier les étoiles du nord.

Maintenant que nous connaissons la Grande
Ourse, il faut savoir en tirer le meilleur parti possible, afin qu'elle serve à nos voyages célestes et à
nos recherches uranographiques.

Si l'on mène une ligne droite par les deux étoiles
marquées α et β qui forment l'extrémité du carré,

et qu'on la prolonge au delà de alpha d'une quantité égale à cinq fois la distance de bêta à alpha,
ou, si l'on veut, d'une quantité égale à la distance de
alpha à l'extrémité de la queue, êta, on trouve une
étoile un peu moins brillante que les précédentes,
qui forme l'extrémité d'une figure pareille à la
Grande Ourse, mais plus petite et dirigée en sens
contraire. C'est la *Petite Ourse* ou le *Petit Chariot*,
formée également de sept astres. L'étoile à laquelle

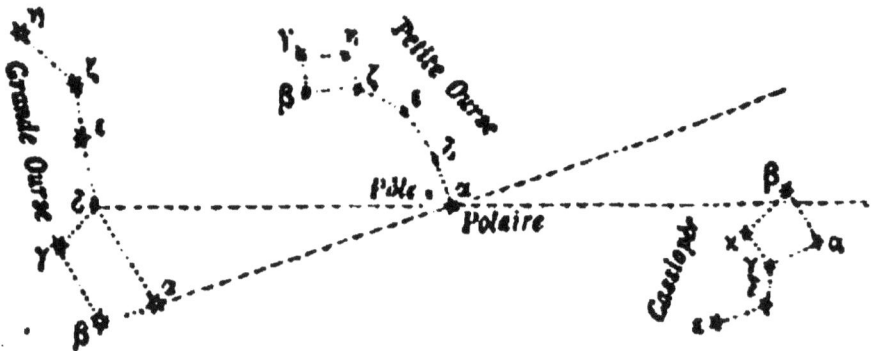

Fig. 51. — Méthode pour trouver l'étoile polaire.

notre ligne nous mène, celle qui est à l'extrémité
de la queue de la Petite Ourse ou au bout du timon
du Petit Chariot, c'est l'*étoile polaire.*

L'étoile polaire jouit d'une certaine renommée,
comme tous les personnages qui se distinguent du
commun, parce que, seule parmi tous les astres qui
scintillent dans nos nuits étoilées, elle reste immobile dans les cieux. A quelque moment de l'année,

du jour ou de la nuit, que vous observiez le ciel au
lieu permanent qu'elle occupe, vous la rencontrerez
toujours. Toutes les étoiles, au contraire, tournent
en vingt-quatre heures autour d'elle, prise pour
centre de cette immense rotation. La Polaire demeure immobile sur un pôle du monde, d'où elle
sert de point fixe aux navigateurs de l'Océan sans
routes, comme aux voyageurs du désert inex-
ploré.

En regardant l'étoile polaire, immobile, comme
nous l'avons vu, au milieu de la région septentrionale du ciel, on a le *nord* en face, le *sud* derrière
soi, l'*est* à droite, l'*ouest* à gauche. Toutes les étoiles
tournant autour de la Polaire doivent être recon-
nues selon leurs rapports mutuels plutôt que rap-
portées aux points cardinaux.

De l'autre côté de la Polaire, par rapport à la
Grande Ourse, se trouve une autre constellation
facile à reconnaître. Si de l'étoile du milieu (δ)
on mène une ligne au pôle, en prolongeant cette
ligne d'une égale quantité (fig. 51), on traverse la
figure de *Cassiopée*, formée de cinq étoiles principales, disposées un peu comme les jambages écar-
tés de la lettre M. La petite étoile κ (kappa), qui termine le carré, lui donne aussi la forme d'une *chaise*.
Ce groupe prend toutes les situations possibles en
tournant autour du pôle, se trouvant tantôt au-des-

sus, tantôt au-dessous, tantôt à gauche, tantôt à
droite; mais il est toujours facile à trouver,
attendu que, comme les précédents, il ne se couche
jamais, et qu'il est toujours à l'opposé de la Grande

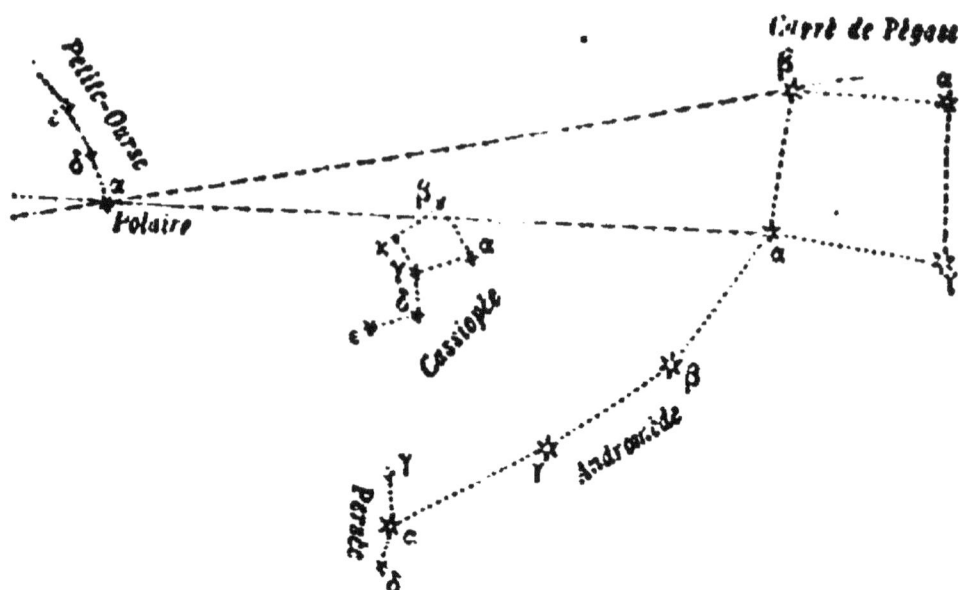

Fig. 52. — Cassiopée, Andromède, Pégase, Persée.

Ourse. L'étoile polaire est l'essieu autour duquel
tournent ces deux constellations.

Si nous tirons maintenant, des étoiles α et ô
de la Grande Ourse, deux lignes se joignant au
pôle, et que nous prolongions ces lignes au delà
de Cassiopée, elles aboutiront au carré de *Pégase* (figure 52), qui se termine d'un côté par un
prolongement de trois étoiles rappelant un peu
celles de la Grande Ourse. Ces trois étoiles appar-

tiennent à *Andromède*, et aboutissent elles-mêmes à une constellation, à *Persée*.

La dernière étoile du carré de Pégase est, comme on le voit, la première, α, d'Andromède. Au nord de β d'Andromède se trouve, près d'une petite étoile, une nébuleuse oblongue que l'on comparait autre-

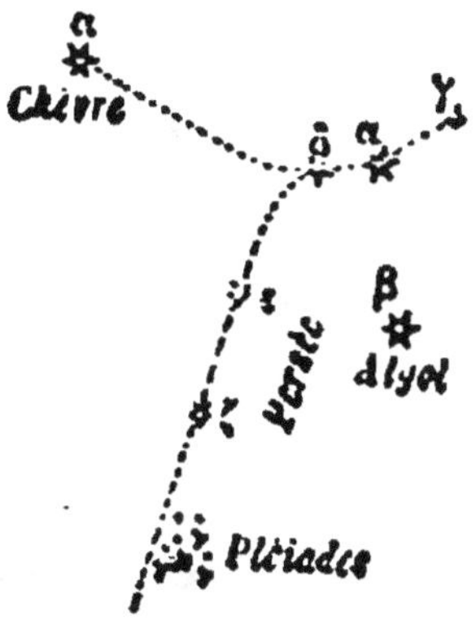

Fig. 53. — Chèvre, Persée, Pléiades.

fois à la lumière d'une chandelle vue à travers une feuille de corne : c'est la première nébuleuse dont il soit fait mention dans les annales de l'astronomie. Dans Persée, α, la brillante, sur le prolongement des trois principales d'Andromède, se trouve entre deux autres moins éclatantes, qui forment avec elle un arc concave très facile à reconnaître. Cet arc va nous servir pour une nouvelle orientation. En le prolongeant du côté de δ (fig. 53), on trouve une étoile très brillante, de première grandeur : c'est la *Chèvre* ou *Capella*, ou α du

Cocher. En formant un angle droit à cette prolongation du côté du midi, on arrive aux *Pléiades*, brillant amas d'étoiles. A côté est une étoile variable, Algol ou la *Tête de Méduse*.

Cette étoile Algol, ou β du Persée, que l'on voit non loin de α, appartient à une classe d'étoiles variables dont nous observerons plus loin le singulier caractère. Au lieu de garder un éclat fixe, comme les autres astres, elle est tantôt très brillante et tantôt très pâle : elle passe de la seconde grandeur à la quatrième. C'est à la fin du dix-septième siècle que l'on s'est aperçu de cette variabilité pour la première fois. Les observations faites depuis cette époque ont montré qu'elle est périodique et régulière, et que cette période est d'une étonnante rapidité : le minimum a lieu tous les 2 jours 20 heures 48 minutes.

En prolongeant au delà du carré de Pégase la ligne courbe d'Andromède, on atteint la Voie lactée et on rencontre dans ces parages : le Cygne, pareil à une croix, la Lyre, où brille Véga, l'Aigle (Altaïr avec deux satellites) et Hercule, constellation vers laquelle le mouvement du Soleil dans l'espace nous emporte tous.

Tels sont les principaux personnages qui habitent les régions circompolaires.

Voici maintenant le côté opposé à celui dont nous venons de parler, toujours auprès du pôle.

Revenons à la Grande Ourse. Prolongeant la queue dans sa courbe (fig. 54), nous trouverons à quelque distance de là une étoile de première grandeur, *Arcturus* ou *α* du *Bouvier*. Un petit cercle d'étoiles que l'on voit à gauche du Bouvier, constitue la *Couronne boréale*. Au mois de mai 1866 on a vu briller là une petite étoile dont l'éclat n'a duré que quinze jours.

La constellation du Bouvier est tracée en forme

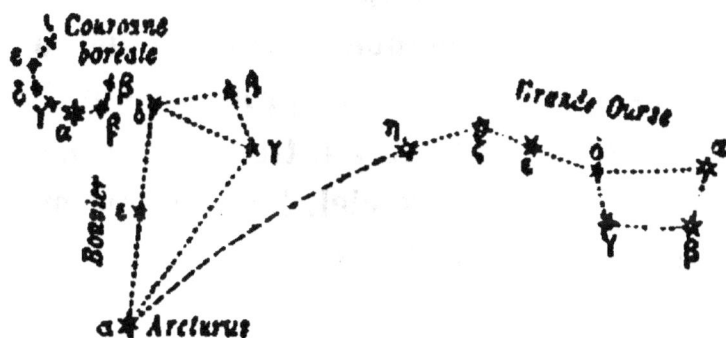

Fig. 54. — Arcturus, le Bouvier, la Couronne boréale.

de pentagone. Les étoiles qui la composent sont de troisième grandeur, à l'exception d'*Arcturus*, qui est de première. Celle-ci est l'une des plus proches de la Terre, car elle fait partie du petit nombre de celles dont la distance a pu être mesurée. Elle est à 81 trillions de lieues d'ici. Elle brille d'une belle couleur jaune d'or.

En menant une ligne de l'étoile polaire à Arcturus, et en élevant une perpendiculaire sur le milieu de cette ligne, à l'opposé de la Grande Ourse, on retrouve l'une des plus brillantes étoiles du ciel, Véga, ou alpha de la Lyre, voisine de la Voie lactée. Elle forme avec les deux que je viens de nommer un triangle équilatéral. La ligne d'Arcturus à Véga coupe la constellation d'Hercule. Entre la Grande Ourse et la Petite Ourse, on remarque une longue suite de petites étoiles s'enroulant en anneaux et se dirigeant vers Véga : ce sont les étoiles du Dragon.

Les étoiles qui avoisinent le pôle, et qui ont reçu pour cela le nom de circompolaires, sont distribuées dans les groupes qui viennent d'être indiqués. J'engage fort mes jeunes lecteurs à profiter de quelques belles soirées pour s'exercer à trouver eux-mêmes ces constellations dans le ciel. Le meilleur moyen est de s'aider des indications précédentes et d'une carte céleste [1].

Toutes ces constellations tournent autour de l'étoile du nord, ou plutôt autour de l'axe du monde, dont l'inclinaison sur l'horizon d'un lieu donné est invariable.

Il résulte de cette invariabilité que ce sont toujours les mêmes étoiles qui s'élèvent au-dessus de l'horizon d'un même lieu, quelle que soit l'époque de l'année. Seulement, parmi celles qui se lèvent et

---

[1] Pour plus de détails, consulter notre ouvrage *les Étoiles et les Curiosités du Ciel*, Supplément de l'*Astronomie populaire*, où l'on trouve la description complète du ciel étoile par étoile et prendre en mains l'une de nos cartes célestes.

se couchent, les unes sont au-dessus de l'horizon
pendant la nuit, et alors elles sont visibles, tandis
que les autres se lèvent et se couchent pendant la
journée, et l'éclat du jour ne permet pas de les apercevoir.

Les étoiles circompolaires, au contraire, ne
s'abaissant jamais au-dessous de l'horizon, restent
en vue pendant toutes les nuits de l'année.

Enfin d'autres étoiles, décrivant leurs circonfé-
rences diurnes au-dessous de l'horizon, ne sont jamais visibles dans le lieu considéré, à moins que
l'on n'habite justement l'équateur.

On voit donc que la sphère céleste peut se diviser
en trois zones : 1° la zone des étoiles circompolaires
et des étoiles perpétuellement visibles; 2° celle des
étoiles qui se lèvent et se couchent, et dont la visibilité pendant la nuit dépend de l'époque de l'année
où l'on se trouve; 3° enfin la zone des étoiles qui ne
s'élèvent jamais au-dessus de l'horizon.

Le ciel entier tournant en vingt-quatre heures
autour de l'axe du monde, toutes les étoiles passent
une fois par jour au méridien.

On sait que, dans sa marche apparente au-dessus
de nos têtes, le Soleil suit une voie régulière et
permanente, que chaque année, aux mêmes époques, il passe à la même hauteur dans le ciel, et
que, s'il est moins élevé au mois de décembre

qu'au mois de juin, la route qu'il suit n'en est pas moins régulière pour cela, puisque cette variation dépend simplement des saisons terrestres, et qu'aux mêmes époques il revient toujours aux mêmes points du ciel.

On sait aussi que les étoiles restent perpétuellement autour de la Terre, et que, si elles disparaissent le matin pour se rallumer le soir, c'est uniquement parce qu'elles sont effacées par la lumière du jour. Or on a donné le nom de Zodiaque à la zone d'étoiles que le Soleil traverse pendant le cours entier de l'année. Ce mot vient du mot grec *Zôdion*, animal, étymologie que l'on doit au genre de figures tracées sur cette bande d'étoiles. Ce sont, en effet, les animaux qui dominent dans ces figures.

On a divisé la circonférence entière du ciel en douze parties, que l'on a nommées les douze signes du Zodiaque, et nos pères les appelaient « les maisons du Soleil », ou encore « les résidences mensuelles d'Apollon », parce que le Soleil en visite une chaque mois et revient à chaque printemps à l'origine de la cité zodiacale. Deux mémorables vers latins nous présentent les douze signes dans l'ordre où le Soleil les parcourt.

Sunt : Aries, Taurus, Gemini, Cancer, Leo, Virgo,
Libraque, Scorpius, Arcitenens, Caper, Amphora, Pisces.

Ou bien en français: le Bélier ♈, le Taureau ♉.

les Gémeaux ♊, l'Écrevisse ♋, le Lion ♌, la Vierge ♍, la Balance ♎, le Scorpion ♏, le Sagittaire ♐, le Capricorne ♑, le Verseau ♒ et les Poissons ♓. Les signes placés à côté de ces noms sont les indications primitives qui les rappellent : ♈ représente les cornes du Bélier; ♉ la tête du taureau; ♒ est un courant d'eau, etc.

Si nous connaissons maintenant notre ciel boréal, si ses étoiles les plus importantes sont suffisamment marquées dans notre esprit avec les rapports réciproques qu'elles gardent entre elles, nous n'avons plus de confusion à craindre, et il nous sera facile de reconnaître les constellations zodiacales.

Ces indications sommaires une fois données, les premiers signes seront très faciles à trouver. Pour faire avec eux une connaissance complète et durable, il est nécessaire de suivre sur la carte (fig. 55) les descriptions qui vont être données, et ensuite de s'exercer le soir à reconnaître directement les étoiles dans le ciel.

Le *Bélier* est situé entre Andromède et les Pléiades, que nous connaissons déjà. En menant une ligne d'Andromède à ce groupe d'étoiles, on traverse la tête du Bélier, formée par deux étoiles de troisième grandeur. Le Bélier est le premier signe du Zodiaque, parce qu'à l'époque où cette partie principale de la sphère céleste fut établie, le Soleil entrait dans ce signe à l'équinoxe du printemps et que l'équateur y croisait l'écliptique.

Le *Taureau* vient ensuite. — Nous marchons de l'ouest à l'est. Vous le reconnaîtrez facilement par le groupe des Pléiades qui scintillent sur son épaule, par celui des Hyades qui tremblent sur son front, et par l'étoile magnifique qui marque son œil droit, l'étoile Aldébaran, alpha, de première grandeur. Il est du reste situé tout au-dessus de la splendide constellation d'Orion, que nous rencontrerons et que nous saluerons bientôt ; Aldébaran resplendit sur le prolongement nord de la ligne des Trois-Rois (suivre sur la fig. 55.)

Les Pléiades, qui paraissent trembler au nord-ouest d'Aldébaran, sont formées par un amas d'étoiles dans lequel on en compte six assez facilement à l'œil nu, mais où le télescope en montre plusieurs centaines.

Les *Gémeaux* sont faciles à reconnaître à l'est des précédents, parce que leurs têtes sont formées des deux belles étoiles Castor et Pollux. Nous les atteindrions également par une diagonale traversant la Grande Ourse dans le sens du timon. D'un autre côté, Castor forme un beau triangle avec la Chèvre et Aldébaran. Ainsi rien n'est plus facile à trouver. Descendant vers le Taureau, huit ou dix étoiles terminent la constellation, et plus bas on rencontre Procyon, étoile de première grandeur. Cette région, marquée par Orion, Sirius, les Gémeaux, la Chèvr

Fig. 53.Les — constellations du Zodiaque.

Aldébaran, les Pléiades, est la plus magnifique région de la sphère céleste. C'est vers la fin de l'automne et dans les plus belles nuits d'hiver qu'elle resplendit le soir sur notre hémisphère. Les Gémeaux sont, dans la Fable, Castor et Pollux, fils de Jupiter, célèbres par leur amitié indissoluble, dont ils furent récompensés par le partage de l'immortalité.

L'*Écrevisse* ou le Cancer se distingue au bas de la ligne de Castor et Pollux, dans cinq étoiles de 4e ou 5e grandeur. C'est le personnage le moins important du Zodiaque.

Le *Lion* est un grand trapèze de quatre belles étoiles, situées à l'est des Gémeaux. On peut également le trouver en prolongeant en sens opposé la ligne de alpha, bêta de la Grande Ourse, qui nous a servi à trouver la Polaire. La plus brillante de ces étoiles, alpha, se nomme Régulus : c'est le cœur du Lion.

La *Vierge* vient après le Lion, toujours du côté de l'est, comme on le voit sur la carte. Si nous nous servions encore de la très complaisante constellation qui nous a si bien servi jusqu'ici, nous prolongerions vers le midi la grande diagonale α-γ du carré de la Grande Ourse, et nous ferions la rencontre d'une belle étoile de première grandeur, placée justement dans la main gauche de notre figure : c'est l'*Épi* de la Vierge, astre connu

de toute l'antiquité. Maintenant que nous connaissons Arcturus, ou alpha du Bouvier et alpha du
Lion, nous pouvons encore remarquer que ces
deux étoiles et l'Épi font ensemble un triangle
équilatéral.

La *Balance* est le septième signe du Zodiaque. À
l'est de l'Épi de la Vierge, on voit deux étoiles de
2e grandeur : ce sont alpha et bêta de la Balance,
marquant les deux plateaux. Avec deux autres étoiles moins brillantes, elles forment un carré oblique
sur l'écliptique. Il y a deux mille ans, le Soleil
passait là l'équinoxe d'automne, et l'on a vu là
l'origine de ce signe qui « égale au jour la nuit, le
travail au sommeil »,

Le *Scorpion*, dont le cœur est marqué par l'étoile
rouge Antarès, astre de 1re grandeur, est facile à
reconnaître. Son dard recourbé fait distinguer sa
forme. Antarès, alpha du Scorpion, se trouve sur
le prolongement de la ligne qui joindrait Régulus
(alpha du Lion) à l'Épi ; ce sont trois étoiles brillantes placées en ligne droite dans la direction ouest-
est. Antarès forme encore avec la Lyre et Arcturus
un grand triangle isocèle dont cette dernière étoile
est le sommet.

Le *Sagittaire*, formant un trapèze oblique, se
lient un peu à l'orient d'Antarès en suivant toujours
la direction de l'écliptique. Il ne possède que des
astres de 3e grandeur et au-dessous. Cette constella-

tion ne s'élève jamais beaucoup au-dessus de l'horizon de Paris.

Le *Capricorne* n'est pas plus riche en étoiles brillantes. Celles qui scintillent à son front, alpha et bêta, sont les seules qui se laissent admirer à l'œil nu. Elles se trouvent sur le prolongement de la ligne qui va de la Lyre à l'Aigle. La région du Zodiaque que nous visitons présentement est la plus pauvre du ciel ; elle présente un contraste frappant avec la région opposée, où nous avons admiré Aldébaran, Castor et Pollux, la Chèvre, etc.

Au-dessus du Capricorne brille Altaïr, ou alpha de l'Aigle.

Le *Verseau* forme par ses trois étoiles tertiaires un triangle très aplati. La base se prolonge en une file d'étoiles du côté du Capricorne, et vers la gauche se porte sur l'Urne.

Les *Poissons*, dernier signe du Zodiaque, se trouvent au sud d'Andromède et de Pégase. Ils sont liés l'un à l'autre par un ruban. Peu apparente, comme les précédentes, cette constellation est composée de deux rangs d'étoiles très faibles qui partent de alpha, de troisième grandeur, nœud du ruban, et vont en divergeant, l'un vers alpha d'Andromède, l'autre vers alpha du Verseau.

Notre description générale du ciel étoilé doit maintenant être complétée par les astres du ciel austral.

A tout seigneur tout honneur. Orion est la plus belle des constellations : le meilleur moyen de rendre hommage aux personnages de valeur, c'est d'apprendre à les bien connaître.

Observez notre carte zodiacale : au-dessous du Taureau et des Gémeaux, au sud du Zodiaque, vous remarquerez ce géant qui lève sa massue vers le front du Taureau. Sept étoiles brillantes se distinguent; deux d'entre elles, alpha et bêta, sont de première grandeur; les cinq autres sont de second ordre. Alpha et gamma marquent les épaules, kappa le genou droit, bêta le genou gauche; delta, epsilon, zêta marquent le Baudrier ou la Ceinture; au-dessous de cette ligne est une traînée lumineuse de trois étoiles très rapprochées : c'est l'Épée. Entre l'épaule occidentale et le Taureau, se voit le Bouclier, composé d'une file de petites étoiles en ligne courbe. La tête est marquée par une petite étoile, de quatrième grandeur.

Pour plus de clarté, voyez à la figure 56 la disposition des étoiles principales de ce magnifique astérisme.

Par une belle soirée d'hiver, tournez-vous vers le sud, et vous reconnaîtrez immédiatement cette constellation géante.

La ligne du Baudrier, prolongée des deux côtés, passe au nord-ouest par l'étoile *Aldébaran* ou l'œil du Taureau, que nous connaissons déjà, et au sud-est par *Sirius*, la plus brillante étoile du ciel, dont nous nous occuperons bientôt.

C'est pendant les belles nuits d'hiver que cette constellation brille le soir sur nos têtes. Nulle autre saison n'est aussi magnifiquement constellée que les mois d'hiver. Tandis que la nature nous prive de certaines jouissances d'un côté, elle nous en offre en échange de non moins précieuses. Les merveilles des cieux s'offrent aux amateurs, depuis le Taureau et Orion à l'est, jusqu'à la Vierge et au Bouvier à l'ouest : sur dix-huit étoiles de première grandeur que l'on compte dans toute l'étendue du firmament, une douzaine sont visibles de neuf heures à minuit, sans préjudice des belles étoiles de second ordre, des nébuleuses remarquables et d'objets célestes très dignes de l'attention des mortels. Ces principales étoiles sont Sirius, Procyon, la Chèvre, Aldébaran, l'Épi, le cœur de l'Hydre, Rigel, Betelgeuse, Castor et Pollux, Régulus, et bêta du Lion.

C'est ainsi que la nature établit partout une compensation harmonieuse, et que, tandis qu'elle assombrit nos jours d'hiver rapides et glacés, elle nous donne de longues nuits enrichies des plus opulentes créations du ciel.

La constellation d'Orion est non seulement la plus riche en étoiles brillantes, mais elle recèle encore pour les initiés des trésors que nulle autre no saurait offrir. On pourrait presque l'appeler la Californie du Ciel.

J'oubliais d'ajouter que les trois étoiles obliques qui forment son *baudrier*, ou sa *ceinture*, ont été nommées les *Trois Rois Mages*, le *Bâton de Jacob*,

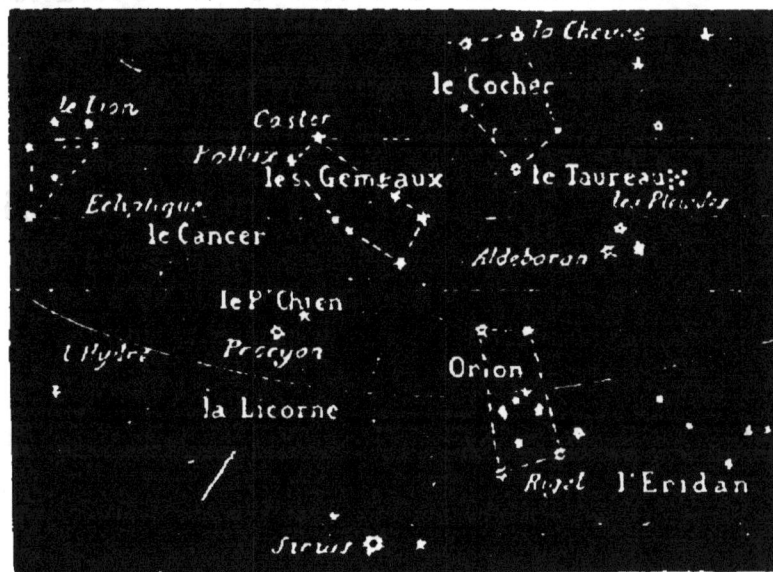

Fig. 56. — Orion, Aldébaran, les Gémeaux, Procyon, Sirius.

et que dans nos campagnes on les distingue simplement sous le nom de *Râteau*.

Au sud-est d'Orion, sur la ligne des Trois Rois, resplendit la plus magnifique de toutes les étoiles, *Sirius*, ou alpha de la constellation du *Grand Chien*. Cet astre de première grandeur marque l'angle supérieur oriental d'un grand quadrilatère dont la base, voisine de l'horizon à Paris, est adjacente à un triangle. Les étoiles du quadrilatère et du triangle sont toutes de seconde grandeur. Cette constellation se lève, le soir, à la fin de novembre, passe au méridien à la fin de janvier, et se couche à la fin de mars.

Sirius étant la plus éclatante étoile du ciel, lorsque les astronomes osèrent essayer les opérations relatives à la recherche des distances des étoiles, elle eut le don d'attirer particulièrement leur attention. Après des études longues et minutieuses, on arriva à déterminer sa distance : elle est de 23 trillions de lieues.

Le *Petit Chien*, ou Procyon, se trouve au-dessus de son aîné et au-dessous des Gémeaux Castor et Pollux, à l'est d'Orion.

L'Hydre est une longue constellation qui occupe le quart de l'horizon, sous le Cancer, le Lion et la Vierge. La tête, formée de quatre étoiles de quatrième grandeur, est à gauche de Procyon, sur le prolongement d'une ligne menée par cette étoile et par Betelgeuse. Le côté occidental du grand trapèze du Lion, comme la ligne de Castor et Pollux, se dirige sur alpha, de seconde grandeur : c'est le cœur de l'Hydre; on remarque des astérismes de second ordre, le Corbeau, la Coupe.

L'Éridan, la *Baleine*, le *Poisson austral* et le *Centaure* sont les seules constellations importantes qu'il nous reste à décrire. On les trouvera dans l'ordre que nous venons d'indiquer, à la droite d'Orion.

L'Éridan est un fleuve composé d'une suite d'étoiles de troisième et de quatrième grandeur, descendant et serpentant du pied gauche d'Orion, Rigel (fig. 56) et se perdant sous l'horizon. Après avoir suivi de longues sinuosités, il se termine par une belle étoile de première grandeur, Achernar, invisible pour nos latitudes.

Pour trouver la Baleine, on peut remarquer au-dessous du Bélier (fig. 55) une étoile de seconde grandeur qui forme un triangle équilatéral avec le Bélier et les Pléiades : c'est alpha de la Baleine, ou la Mâchoire. L'étoile du Cou, marquée omicron, est l'une des plus curieuses du ciel : on la nomme la Merveilleuse, *Mira Ceti*. Elle appartient à la classe des étoiles *variables*. Tantôt elle est extrêmement brillante, tantôt elle devient complètement invisible. On a suivi ces variations depuis la fin du seizième siècle, et l'on a reconnu que la période de croissance et de décroissance est de 331 jours en moyenne, mais toutefois irrégulière, étant parfois de 25 jours en retard ou de 25 jours en avance. L'étude de ces astres singuliers offre de curieux phénomènes.

Enfin la constellation du Centaure est située au-dessous de l'Épi de la Vierge. Le Centaure renferme l'étoile *la plus rapprochée* de la Terre, alpha, de première grandeur, dont la distance est de 10 *trillions* de lieues environ.

Mais nous sommes ici dans les constellations

australes, invisibles de nos latitudes. Pratiquement, elles ne nous intéressent pas, et nous devions surtout décrire celles que nous avons au-dessus de nos têtes et trouver le moyen de les reconnaître facilement. Tous ceux qui voudront mettre à profit' les indications qui viennent d'ère données se convaincront que rien n'est plus facile que d'apprendre à nommer les principales étoiles du ciel. Elles sont moins nombreuses — et plus intéressantes — que les habitants d'une petite ville.

Pour compléter les descriptions qui précèdent, nous avons ajouté ici quatre cartes représentant l'aspect du ciel étoilé pendant les soirées d'hiver, de printemps, d'été et d'automne. Pour s'en servir, il faut les supposer placées *au-dessus de nos têtes*, le centre marquant le zénith et le ciel descendant tout autour jusqu'à l'horizon. *L'horizon forme donc le tour de ces panoramas.* En tournant la carte n'importe dans quel sens et en la regardant soit au nord, soit au sud, soit à l'est, soit à l'ouest, on trouve toutes les étoiles principales. La première de ces cartes (fig. 57) représente le ciel de l'hiver (janvier) à 8 heures du soir ; la seconde celui du printemps (avril), à 9 heures du soir ; la troisième le ciel d'été (juillet) à la même heure, et la quatrième, le ciel d'automne (octobre) à la même heure.

Comme on observe une grande diversité dans l'*éclat* des étoiles, pour en faciliter l'indication on a classé ces astres par ordre de *grandeur*. Ce mot de grandeur est impropre, attendu qu'il n'a aucun

Fig. 57. — Le ciel étoilé pendant les soirées de janvier.

rapport avec les dimensions réelles des astres, puis- que ces dimensions nous sont encore inconnues ; il date d'une époque où l'on croyait que les étoiles

les plus brillantes étaient les plus grosses, et c'est
là l'origine de cette dénomination; mais il importe

Fig. 58. — Le ciel étoilé pendant les soirées d'avril.

de savoir que ce n'est point là son sens précis. Il
correspond simplement à l'*éclat apparent* des étoiles.
Ainsi les étoiles de première grandeur sont celles

qui brillent avec le plus de vivacité dans la nuit
obscure ; celles de seconde grandeur sont celles_qui

HORIZON NORD

HORIZON SUD

Fig. 59. — Le ciel étoilé pendant les soirées de juillet.

brillent moins, etc. On a partagé en six ordres
toutes les étoiles visibles à l'œil nu. Or cet éclat

apparent tient à la fois à la grosseur réelle do
l'étoilo, à sa lumière intrinsèque et à sa distanco

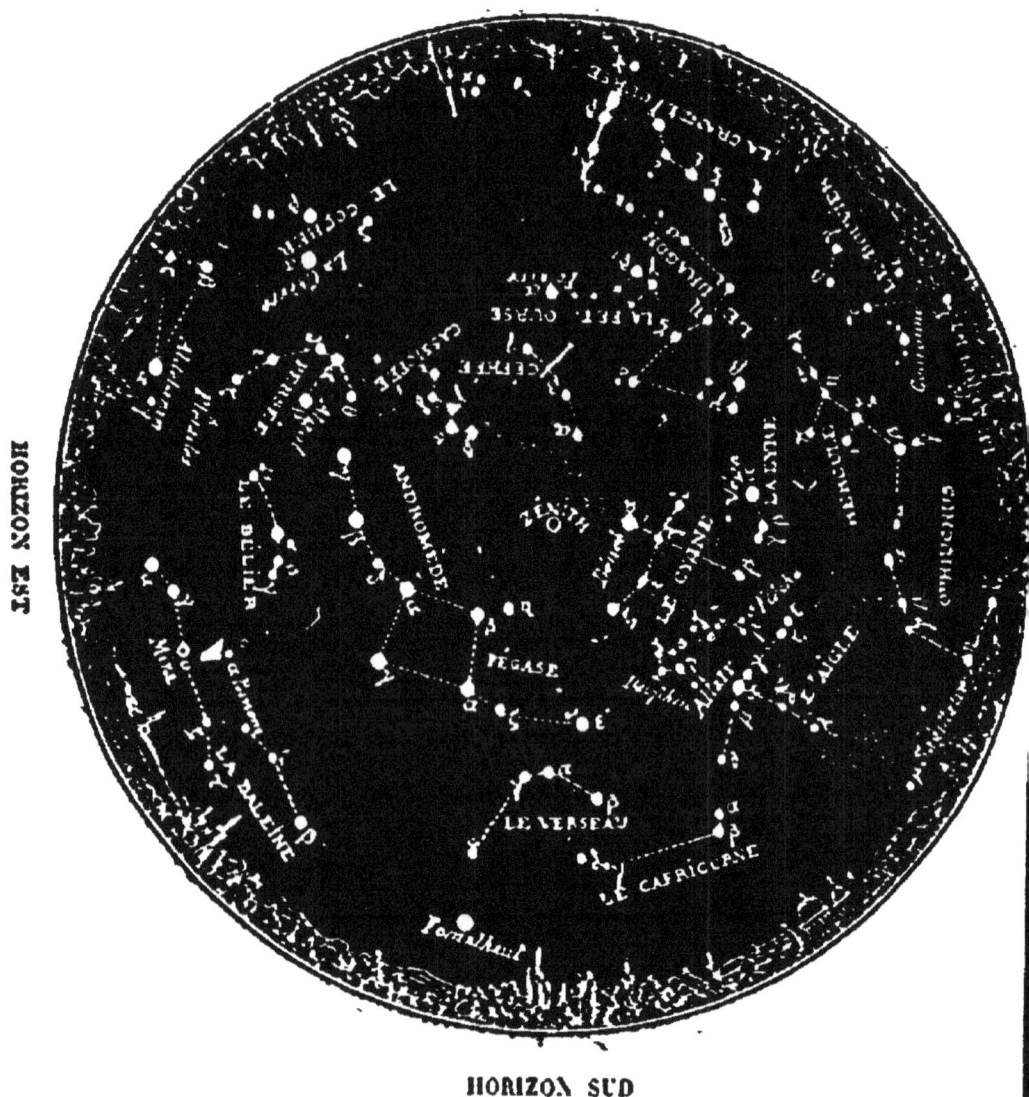

Fig. 60. — Le ciel étoilé pendant les soirées d'octobre.

de la Terre; il ne possède par conséquent qu'un
sens essentiellement relatif.

Mais quelles sont les distances réelles des étoiles?

XIV

LES DISTANCES DES ÉTOILES

Disséminées à toutes les profondeurs de l'espace,
tout autour de l'atome terrestre, l'arrangement que
les étoiles présentent à nos yeux n'est qu'une apparence causée par la position de la Terre vis-à-vis
d'elles. C'est là une pure affaire de perspective.
Quand nous nous trouvons pendant la nuit au milieu d'une vaste place publique (soit, par exemple,
sur la place de la Concorde à Paris), dans laquelle
un grand nombre de becs de gaz sont dispersés, il
nous est difficile de distinguer, à une certaine distance, les lumières les plus éloignées de celles qui le
sont moins : elles paraissent toutes se projeter sur
le fond plus obscur ; de plus, leur disposition apparente, vue du point où nous sommes, dépend pu-
rement de ce point, et varie selon que nous marchons nous-mêmes en long ou en large. Cette
comparaison vulgaire peut nous servir à comprendre

comment les étoiles, lumières de l'espace obscur, no nous révèlent pas les distances qui peuvent les séparer en profondeur, et comment la disposition qu'elles affectent sur la voûte apparente du ciel dépend uniquement du point où nous nous plaçons pour les considérer. En quittant la Terre et en nous transportant en un lieu de l'espace suffisamment éloigné, nous serions témoins, dans la disposition apparente des astres, d'une variation d'autant plus grande que notre station d'observation serait plus éloignée de celle où nous sommes. Mais il faudrait pour cela nous en éloigner à des distances au moins égales à celles des étoiles voisines. En effet, de la dernière planète de notre système, de Neptune, on voit les étoiles dans la même disposition qu'ici. Le changement ne s'opère qu'en se transportant d'une étoile à une autre. Un instant de réflexion suffit pour se convaincre de ce fait et pour nous dispenser d'insister davantage à son égard.

Dès l'antiquité, on a partagé en six grandeurs d'éclat les étoiles visibles à l'œil nu. On compte 19 étoiles de la première grandeur, parmi lesquelles Sirius, Canopus, alpha du Centaure, Arcturus, Véga, Rigel, Capella, Procyon, Albébaran. On en compte 59 de la seconde grandeur, 182 de la troisième, 530 de la quatrième, etc. On a observé que chaque classe est ordinairement trois fois plus peuplée que celle qui la précède ; de sorte qu'en multipliant par trois le nombre des astres qui composent une série quelconque, on a à peu près le nombre de ceux qui composent la série suivante. Par cette estimation, le nombre des étoiles des six premières grandeurs, autrement dit celui de *toutes les étoiles visibles à l'œil nu*, fournirait un total de 6000 environ. — Généralement on croit en voir bien davantage, on croit pouvoir les compter par myriades, par millions : il en est de cela comme du reste, nous sommes toujours portés à l'exagération ! Cependant, en fait, le nombre des étoiles visibles à l'œil nu, dans les deux hémisphères, sur toute la Terre, ne dépasse pas ce chiffre, et même il est bien peu de vues assez perçantes pour aller au delà de quatre à cinq mille.

Mais là où s'arrête notre faible vue, le télescope, cet œil géant qui grandit de siècle en siècle, perçant les profondeurs des cieux, y découvre sans cesse de nouvelles étoiles. Après la sixième grandeur, les premières lunettes ont révélé la septième. Puis on est allé jusqu'à la huitième, la neuvième. C'est alors que les milliers ont grossi jusqu'aux dizaines de mille, et que les dizaines sont devenues des centaines de mille. Des instruments plus perfectionnés encore ont franchi ces distances et ont trouvé les étoiles de la dixième et de la onzième grandeur. De cette époque on commença à compter par millions. Le nombre des étoiles de la douzième grandeur est de 9 556 000 : ajouté aux onze termes qui le précèdent, il dépasse quatorze millions. A l'aide d'une amplification plus puissante encore, on dépassa de nouveau ces bornes. Aujourd'hui la somme des étoiles réunies de la première à la treizième grandeur inclusivement est évaluée à 43 000 000. Le ciel s'est véritablement transformé. Dans le champ des télescopes, on ne distingue plus ni const'lations ni divisions; mais une fine poussière brille là où l'œil, laissé à sa seule faculté, ne voit qu'une obscurité noire sur laquelle ressortent deux ou trois étoiles. A mesure que les découvertes merveilleuses de l'optique augmenteront la puissance visuelle, toutes les régions du ciel se couvriront de ce fin sable d'or, et un jour viendra où le regard étonné, s'élevant vers ces profondeurs inconnues, se trouvant arrêté par l'accumulation des étoiles qui se succèdent à l'infini, ne trouvera plus devant lui qu'un délicat tissu de lumière.

Le nombre des étoiles est illimité.

Quelle étendue occupent ces myriades d'étoiles qui se succèdent éternellement dans l'espace? Cette question a toujours eu le don de captiver l'attention des astronomes aussi bien que celle des simples penseurs; mais on n'a pu commencer des recher-

ches relatives à sa solution qu'à une époque très
rapprochée de nous, lorsque les moyens si minutieux d'y parvenir nous furent accessibles. Les anciens ne se formaient pas la plus légère idée de la
distance des corps célestes, pas plus que de leur
nature. Pour la plupart, c'étaient des émanations
de la terre, s'étant élevées comme les feux follets
au-dessus des endroits marécageux ; ce serait faire
une longue et curieuse histoire que celle de toutes
ces idées primitives si peu en harmonie avec la
grandeur de la création. Pour pouvoir mesurer la
distance des étoiles les plus proches, il faut pouvoir
mesurer l'épaisseur d'un cheveu. On a attendu
longtemps avant d'en arriver là. Nous avons décrit
plus haut (ch. x) la méthode employée pour arriver
à ces déterminations rigoureuses.

L'étoile la plus voisine se trouve dans la constellation australe du Centaure ; c'est l'étoile alpha,
de première grandeur. D'après les recherches les
plus récentes, elle est éloignée de nous de 275 000
fois la distance d'ici au Soleil, laquelle est de 149
millions de kilomètres. Cette distance correspond,
en nombre rond, à 10 trillions de lieues, ou 10 mille
milliards.

Il est fort difficile, pour ne pas dire impossible,
de se figurer directement de pareilles longueurs, et,
pour arriver à les concevoir, il est nécessaire que

notre esprit, associant à l'idée de l'espace l'idée du temps, voyage en quelque sorte le long de cette ligne et estime par succession sa longueur. Pour les faibles grandeurs, nous agissons déjà de même sur la Terre. Si, par exemple, on nous dit qu'il y a 500 kilomètres de Paris à Strasbourg, nous nous figurons difficilement cette distance du premier coup d'œil; mais, en lui associant l'idée du temps nécessaire pour la franchir avec une vitesse donnée, en apprenant qu'un train express direct, animé d'une vitesse moyenne de 50 kilomètres à l'heure, y arrive en 10 heures, nous nous représentons plus facilement le chemin parcouru. Cette méthode, utile pour les distances terrestres, est nécessaire pour les distances célestes. Ainsi nous mesurons l'espace par le temps; seulement, au lieu de la vitesse d'un train direct, nous prenons celle de la lumière, qui voyage en raison de 300 000 kilomètres par seconde.

Eh bien, pour traverser la distance qui nous sépare de notre voisine alpha du Centaure, ce courrier emploie 4 ans et 128 jours. Si l'esprit veut et peut le suivre, il ne faut pas qu'il saute en un clin d'œil du départ à l'arrivée, autrement il ne se formerait pas davantage la moindre idée de la distance; il faut qu'il se donne la peine de se représenter la marche directe du rayon lumineux, qu'il s'associe à cette marche, qu'il se figure traverser 300 000 kilomètres pendant la *première* seconde de chemin à dater du moment de son départ, puis 300 000 autres lieues pendant la *deuxième* seconde, ce qui fait 600 000 ; puis de nouveau 300 000 kilomètres pendant la *troisième*, et ainsi de suite, sans s'arrêter, *pendant 4 ans et 4 mois.* S'il se donne cette peine, il pourra comprendre l'effroyable valeur du chiffre ; autrement, comme ce nombre dépasse tous ceux que l'esprit a coutume d'employer, il ne sera pour lui d'aucune signification et restera incompris.

Notre étoile voisine est donc α du Centaure. Celle que sa distance met immédiatement après elle est une étoile située en une autre région du ciel, dans la constellation du Cygne. C'est *notre seconde voisine* ; ce qui n'empêche pas qu'elle ne soit beaucoup plus éloignée de nous que la première, à 17 mille milliards de lieues. Sirius, l'étoile la plus brillante de notre ciel, placé à 23 mille milliards, etc.

On a calculé la distance d'une trentaine d'étoiles. Voici les plus rapprochées, parmi celles que l'on peut voir à l'œil nu (à l'exception de la dernière). La première colonne de chiffres représente la grandeur de l'étoile, la seconde le nombre de rayons de l'orbite terrestre (distance de la Terre au Soleil) qu'il faudrait aligner à la suite les uns des autres pour atteindre l'étoile ; la troisième donne la distance en *trillions* de lieues; la quatrième indique le nombre des années que la lumière emploie à franchir la distance :

Noms des étoiles.	Grandeur.	Distances en rayons de l'orbite terrestre.	Distances en trillions de lieues.	Durée du trajet de la lumière.
α du Centaure. . .	1,0	275 000	10 trillions	4,¼
61° du Cygne . . .	5,1	469 000	17	7,⅔
Sirius	1,0	625 000	23	9,₁₀⁹
Procyon.	1,3	761 000	28	12,0
σ Dragon	4,7	838 000	31	13,2
Aldébaran	1,5	874 000	32	13,8
ε Indien.	5,2	937 000	35	14,4
o² Eridan	4,4	1 086 000	40	17,1
Altaïr	1,6	1 086 000	40	17,1
η Cassiopée	3,6	1 272 000	47	20,1
Véga.	1,0	1 375 000	51	21,7
Capella	1,2	1 875 000	69	29,6
Arcturus.	1,0	2 191 000	81	34,7
Étoile polaire . . .	2,1	2 318 000	86	36,6
μ Cassiopée. . . .	5,2	3 438 000	127	54,4
1830 Groombridge.	6,5	4 583 000	200	72,5

Ainsi, tout autour de notre système solaire, au delà de la frontière neptunienne, dans toutes les directions, règne un immense désert, jusqu'à neuf mille fois environ la distance de Neptune, jusqu'à dix mille milliards de lieues. Dans toute cette inconcevable étendue, il n'y a pas un seul soleil.

Ce tableau présente les données les plus sûres que l'on ait encore obtenues sur les distances stellaires. Comme un grand nombre d'essais ont été faits sur les étoiles qui, par leur éclat ou la grandeur de leur mouvement propre, paraissent devoir être les plus proches de nous, on peut croire que l'étoile actuellement considérée comme la plus proche est réellement dans ce cas et qu'il n'y en a aucune autre moins éloignée. Ainsi, notre soleil, étoile dans l'immensité, est isolé dans l'infini, et le soleil *le plus proche* trône à dix trillions, ou dix mille milliards de lieues de notre séjour terrestre. Malgré sa vitesse inimaginable de 75 000 lieues par seconde, la lumière marche, court, vole pendant quatre ans et 128 jours pour venir de ce soleil jusqu'à nous. — Le son, ou un boulet de canon marchant en raison de 340 mètres par seconde, emploierait plus de trois millions d'années pour franchir le même abîme. — A la vitesse constante de soixante kilomètres à l'heure, *un train express parti du soleil Alpha du Centaure n'arriverait ici qu'après une course non interrompue de près de 75 millions d'années.*

Déjà nous l'avons remarqué : un pont jeté d'ici au Soleil serait composé de 16 600 arches de la largeur de la Terre, et pour atteindre le soleil le plus proche il faudrait ajouter 275 000 ponts pareils l'un au bout de l'autre.

Si les étoiles voisines planent à des dizaines et à des centaines de trillions de lieues d'ici, c'est à

des quatrillions, à des quintillions, à des millions
do milliards do milliards de lieues quo gisent la
plupart des étoiles visibles au ciel dans les champs
télescopiques. Quels soleils! Quelles splendeurs!
Leur lumière nous arrive de pareilles distances!
Et ce sont ces lointains soleils que l'orgueil humain
prétendait faire graviter autour de notre atome!
Pour venir de certaines étoiles brillantes, la lumière marche pendant plus d'un siècle; elle vole
pendant mille ans pour nous apporter des « nouvelles » de certaines étoiles moins proches de nous,
pendant dix mille ans pour arriver d'autres régions
de l'espace... pendant cinquante, cent mille ans,
pour franchir l'insondable abîme qui sépare notre
système planétaire des lointains systèmes sidéraux
découverts par le télescope.

L'infini est peuplé d'étoiles, et chaque étoile est
un soleil. Des milliards de soleils sont les centres
de systèmes planétaires inconnus.

Des catalogues et des cartes célestes renferment
déjà les positions précises de près d'un million d'é-
toiles. On va appliquer un procédé plus rapide que
l'observation télescopique, la *photographie*, à fixer
la position actuelle de toutes les étoiles du ciel, jusqu'à la onzième grandeur, c'est-à-dire jusqu'à près
de dix millions d'étoiles, photographiées sur 40 000
clichés.

XV

LES CURIOSITÉS SIDÉRALES .

L'IMMENSITÉ DES CIEUX

Chaque étoile qui brille dans l'infini est un soleil, aussi grand que celui qui nous éclaire, aussi important, aussi riche, et d'une nature analogue. Il y a mieux : notre soleil est l'une des étoiles les plus petites que nous connaissions. *Sirius, Canopus, Véga, Rigel, Capella* sont incomparablement plus magnifiques, plus lumineux que lui. Parmi ces lointains soleils, les uns sont simples comme celui qui nous éclaire, entourés simplement d'un système planétaire analogue à celui dont la Terre fait partie ; les autres sont doubles, composés de deux soleils égaux ou différents, tournant périodiquement l'un autour de l'autre ; d'autres encore sont triples, quadruples, multiples ; plusieurs, au lieu d'être blancs comme le nôtre, sont colorés de nuances splendides ; on en voit qui sont d'un rouge sang ; d'autres d'un rouge écarlate ; d'autres orangés ; d'autres violets ; d'autres verts comme l'émeraude ; d'autres bleus comme le saphir, et parmi ces soleils de couleur, un grand nombre présentent les plus admirables associations de contraste, telles qu'un rubis marié à une émeraude, ou une topaze unie à un saphir.

Il en est qui, depuis les premières observations précises d'Hipparque, il y a deux mille ans, ont lentement diminué d'éclat et ont même fini par s'éteindre tout à fait. Il en est d'autres dont l'éclat a augmenté peu à peu, et qui sont aujourd'hui beaucoup plus brillantes qu'elles ne l'étaient autrefois. D'autres encore ont changé de nuance et sont devenues plus ou moins colorées. Il en est aussi qui sont apparues subitement, ont brillé d'un éclat éblouissant pendant plusieurs semaines ou plusieurs mois, et sont ensuite retombées dans l'obscurité. Telle fut, par exemple, la fameuse étoile de Cassiopée, qui s'alluma soudain en 1572 et ne dura que dix-huit mois, et que l'on crut pouvoir assimiler à l'étoile des Mages. Telle fut celle qui, moins éclatante, brilla en 1866 dans la Couronne boréale. Ce sont les étoiles dites « temporaires » dont on a observé une vingtaine depuis deux mille ans.

En d'autres étoiles, on a constaté une variation d'éclat périodique, en vertu de laquelle l'astre, d'abord invisible à l'œil nu, apparaît, augmente, brille avec éclat, puis diminue graduellement pour disparaître et reparaître ensuite après le même nombre de jours écoulés et recommencer la même série : leur périodicité est même parfois si précise qu'on la calcule d'avance aujourd'hui.

Pour bien nous figurer en quoi consiste ce changement singulier, représentons-nous notre soleil, et supposons qu'il soit soumis à ces variations. Aujourd'hui le voici qui rayonne de ses flammes les plus éclatantes et verse dans l'atmosphère échauffée les flots d'une éblouissante lumière ; pendant quelques jours il garde cette même intensité ; mais voilà que, le ciel restant pur comme précédemment, l'éclat du soleil s'affaiblit de jour en jour : au bout d'une semaine il a perdu la moitié de sa lumière ; après quinze jours, on peut le fixer en face ; et puis il s'affaiblit encore, devient pâle et morne, n'envoyant qu'une clarté blafarde à la Terre.

Mais il renaît, et l'espérance avec lui. On remarque un premier progrès dans la lumière éteinte ; elle devient plus blanche, plus éclatante. Son flambeau se rallume et augmente de jour en jour; une semaine après son minimum d'intensité, il verse déjà une lumière et une chaleur qui rappellent le foyer solaire. Son accroissement continue. Et lorsqu'une période égale à celle de son déclin sera passée, le soleil étincelant aura repris toute sa force, toute sa grandeur. La nature de ce nouveau soleil est d'être périodique, comme la vertu de notre soleil était de garder une lumière et une chaleur permanentes.

On conçoit que ces variations d'éclat étonnent l'œil observateur qui les contemple dans le champ de la vision télescopique. Ces périodes sont de toutes les durées. L'étoile χ du col du Cygne varie de la cinquième à la onzième grandeur dans une période de 404 jours. Une autre étoile dont nous avons déjà parlé au chapitre des constellations, o de la Baleine, appelée aussi la *Merveilleuse* (Mira Ceti), varie entre la deuxième grandeur et la disparition entière. D'autres astres sont gouvernés par des variations plus rapides. L'étoile qui passe le plus rapidement de son maximum à son minimum est Algol de la tête de Méduse, que nous connaissons déjà (β de Persée). En 4 jour 10 heures 24 minutes, elle a terminé son déclin ; dans le même laps de temps, elle est revenue à son maximum ; sa période n'est donc que de 2 jours 20 heures 48 minutes. L'étoile δ de Céphée varie dans une période de 5 jours 8 heures 67 minutes, de la troisième à la cinquième grandeur, etc.

On voit que ces variations sont elles-mêmes très diverses, et qu'il est des soleils qui passent avec une étrange rapidité de leur plus grand à leur plus petit éclat. Quelles sont les forces prodigieuses qui régissent ces gigantesques métamorphoses de lumière ? C'est ce que la science n'a pu encore déterminer entièrement. On sait déjà toutefois que pour les courtes périodes, ce sont de véritables éclipses produites par un soleil obscur tournant autour d'un soleil lumineux, dans le plan de notre rayon visuel. Ce fait est démontré depuis 1890, notamment pour Algol.

Le télescope a fait découvrir un grand nombre d'étoiles qui, au lieu d'être simples comme elles le paraissent à l'œil nu sont doubles, composées de deux étoiles voisines, qui tournent l'une autour de l'autre en des révolutions que nous avons pu déjà calculer, et qui embrassent les périodes les plus variées, depuis dix ans jusqu'à cent ans, cinq cents ans, mille ans et davantage ; quelquefois même le système est triple : une brillante étoile se montre accompagnée de deux petites, et tandis que ces deux-ci tournent l'une autour de l'autre, elles se transportent ensemble pour tourner lentement autour de la plus grande. C'est parmi ces systèmes multiples que l'on trouve les plus admirables contrastes de couleurs. La science est

17

déjà si avancée à cet égard que l'on a pu récemment former un catalogue de près d'un millier d'étoiles doubles en mouvement certain, et cons-

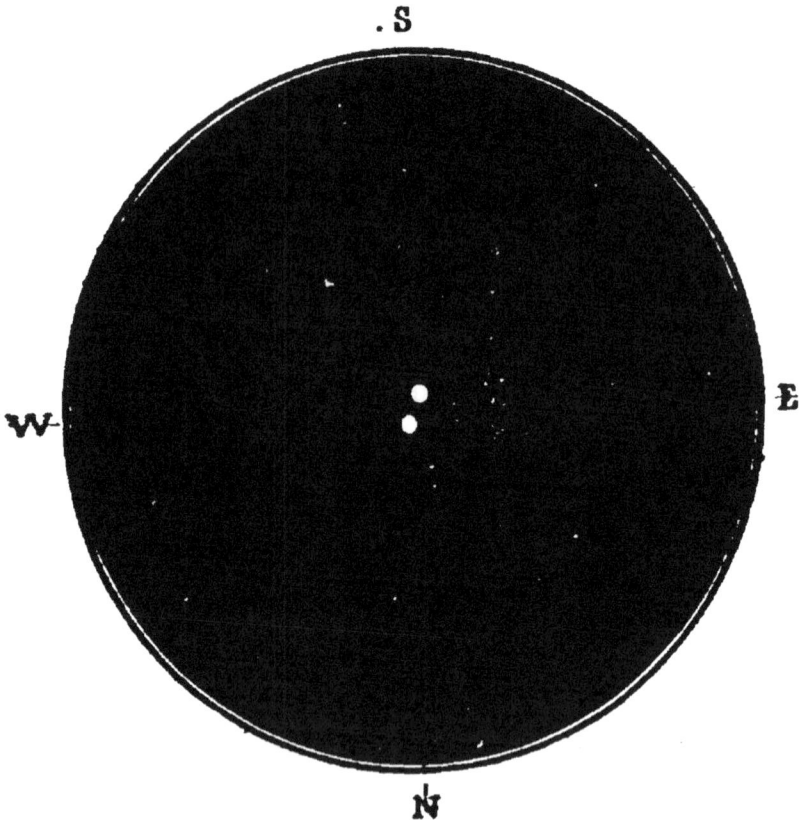

Fig. 61. — L'Étoile double γ de la Vierge.

truire une carte de plus de dix mille étoiles doubles découvertes.

Parmi les étoiles doubles les plus curieuses comme coloration, signalons γ Andromède, orange et vert émeraude ; β du Cygne, jaune d'or et bleu saphir ; α Hercule, jaune orange et bleu marine ;

α Lévriers, or et lilas; Mizar, de la Grande Ourse,
montre deux diamants éblouissants. Ces étoiles,
visibles à l'œil nu, sont faciles à dédoubler à l'aide
d'instruments ordinaires.

On aura une idée de l'aspect des étoiles doubles

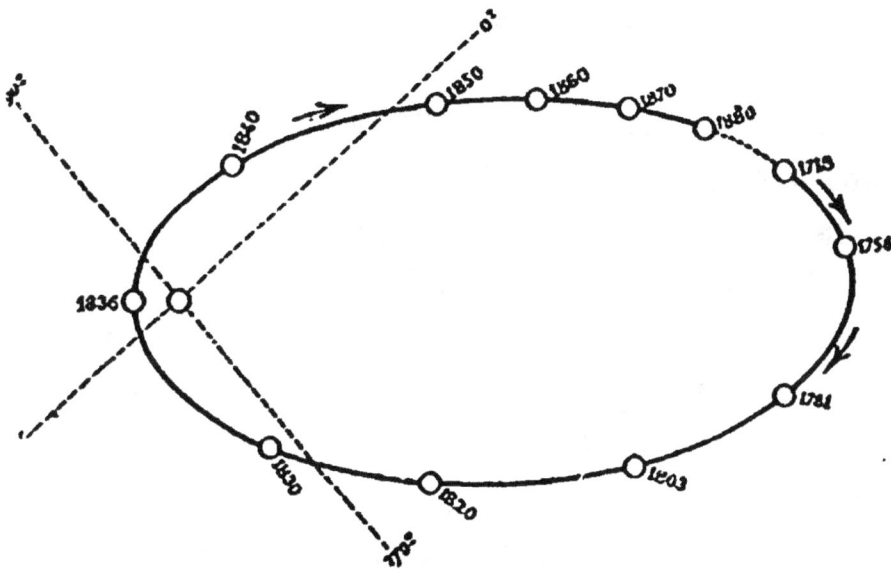

Fig. 62. — Orbite de l'étoile double γ de la Vierge.

au télescope par les deux figures ci-dessus (61 et
62) qui représentent, la première, l'étoile double
γ de la Vierge, dont les deux composantes sont
égales et de 3ᵉ grandeur ; la seconde, l'orbite parcourue par ce même couple pendant une révolution
entière, laquelle est de 175 ans.

L'observation attentive des étoiles a montré qu'elles ne sont pas fixes dans l'espace, comme on le croyait autrefois, mais que chacune d'elles est animée d'un mouvement propre rapide.

Ainsi, par exemple, la belle étoile Arcturus, que chacun peut admirer tous les soirs sur le prolongement de la queue de la Grande Ourse, s'éloigne lentement du point fixe auquel les cartes célestes l'ont placé il y a deux mille ans, et se dirige vers le sud-ouest. Il lui faut 800 ans pour parcourir dans le ciel un espace égal au diamètre apparent de la Lune ; néanmoins, ce déplacement est assez sensible pour avoir frappé l'attention il y a plus d'un siècle et demi, car dès 1718 Halley l'avait remarqué, ainsi que celui de Sirius et d'Aldébaran. Quelque lent qu'il paraisse, à la distance où nous sommes de cette étoile, ce mouvement est au minimum de 660 millions de lieues par an. Sirius emploie 1338 ans pour parcourir dans le ciel la même étendue angulaire ; à la distance où il est, c'est, au minimum, 160 millions de lieues par an. L'étude des mouvements propres des étoiles a fait les plus grands progrès depuis un demi-siècle, et surtout en ces dernières années. Toutes les étoiles visibles à l'œil nu et un grand nombre d'étoiles télescopiques ont laissé apercevoir leur déplacement ; plusieurs voguent dans l'espace avec une vitesse beaucoup plus rapide qu'on n'eût jamais osé l'imaginer. La plus rapide que nous connaissions est une petite étoile télescopique de la constellation de la Grande Ourse, qui n'a pas d'autre nom que son numéro d'ordre : 1830 du catalogue de Groombridge. Sa vitesse est de 7 secondes d'arc par an, ce qui, à la distance où elle est, correspond à 2822000 lieues par jour ! C'est une vitesse plus de quatre fois supérieure à celle de la Terre dans son cours, ou 300 fois plus rapide que celle du projectile de la poudre... Et ce sont ces corps que l'on appelait *fixes !*

Il résulte de tous ces progrès de l'astronomie sidérale que les soleils de l'espace ne ... ... naraissent aujourd'hui emportés dans toutes ... directions, avec des vitesses variées qui transforment lentement les constellations. Le Ciel se métamorphose de siècle en siècle comme la Terre. Des mouvements formidables animent ces espaces considérés pendant si longtemps comme le séjour de la mort et de l'immobilité, et ces soleils lointains allumés dans l'infini se montrent à nous comme autant de foyers voguant dans l'espace, emportant avec eux les familles de planètes qu'ils soutiennent et fécondent, différents de grandeur et de puissance, les uns isolés dans le vide, les autres associés deux à deux, d'autres en groupe, ceux-ci invariables d'éclat, ceux-là variables de lumière et de couleur, versant à travers l'infini les radiations multipliées qui s'élancent tout autour d'eux avec la vitesse de l'éclair et durent cependant pendant des siècles et des siècles.

L'œil géant du télescope a découvert encore des agglomérations d'étoiles qui, vues à l'aide de faibles pouvoirs optiques, semblent de simples taches laiteuses au fond du ciel, mais se résolvent dans les puissants instruments en une multitude de points brillants dont chacun est un soleil. Ce sont là des amas d'étoiles, univers lointains, composés de milliers de soleils et de systèmes. Quelle est l'immensité de leur étendue? Quelle est l'effrayante distance qui nous en sépare? Ni le télescope ni le calcul ne peuvent encore répondre.

Nous reproduisons ici (fig. 63) l'un des plus curieux, l'amas d'Hercule, toujours visible pour nos latitudes, et que l'on devine à l'œil nu.

La voie lactée, qu'on admire à l'œil nu pendant les nuits pures et limpides, est elle-même formée d'étoiles serrées les unes contre les autres en apparence, mais en réalité très éloignées entre elles, car autrement leur attraction mutuelle les aurait réunies depuis longtemps en une seule masse; l'équilibre des corps célestes n'est possible que par de grands intervalles et par des mouvements cur-

vilignes relativement lents. On a compté dix-huit
millions de soleils dans la voie lactée. Cette inconcevable agglomération doit s'étendre en profondeur
dans les directions précisément dessinées par cette
lueur sidérale, la blancheur provenant du nombre

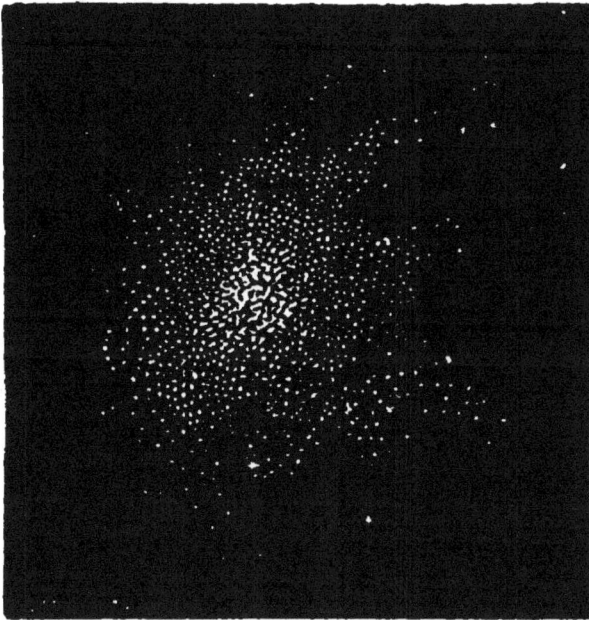

Fig. 63. — L'amas d'Hercule.

des étoiles vues, ou seulement entrevues, les unes
derrière les autres. Comme cette zone enveloppe
entièrement la Terre et dessine presque un grand
cercle de la sphère céleste, notre soleil se trouve
vers le centre, et est lui-même une des étoiles de
la voie lactée. Les amas d'étoiles que nous décou-

vrons dans la profondeur des cieux sont des voies lactées extérieures, pour ainsi dire.

On observe aussi au télescope des nébuleuses qui ne se résolvent pas en étoiles, quel que soit le pouvoir optique employé à les examiner, et qui, étudiées d'ailleurs par les procédés de l'analyse spectrale, se montrent formées de gaz. Ce sont sans doute là des univers dont la création commence.

Ici s'arrêtent les dernières découvertes de l'investigation humaine. Ces amas d'étoiles, ces nébuleuses, ces lointains univers différents du nôtre gisent à de tels éloignements de nous, que leur lumière ne peut se transmettre jusqu'à nous en moins de plusieurs millions d'années, sans doute. Il est probable, pour ne pas dire certain, que plusieurs des nébuleuses gazeuses que nous analysons actuellement au télescope, dans lesquelles nous croyons reconnaître les indices de systèmes de mondes en formation, ne sont plus depuis longtemps dans cet état primitif, et sont devenues actuellement des mondes tout formés ; ne recevant leur lumière qu'avec un pareil retard, nous voyons non ce qu'elles sont, mais ce qu'elles étaient à la date reculée où sont partis les rayons lumineux qui nous en arrivent seulement aujourd'hui. De même il est probable, pour ne pas dire certain, que telles et telles étoiles que nous observons en ce moment et dont nous prenons tant de peine à déterminer la nature, n'existent plus depuis des siècles et des siècles. Nous ne voyons pas l'univers tel qu'il est, mais tel qu'il a été, et non pas même tel qu'il a été à un certain moment simultané pour toutes ses parties, mais tel qu'il a été à différentes dates, puisque la lumière de telle étoile nous arrive après 10 ans, celle de telle autre après 20 ans, celle-là après 50 ans, cette autre après cent ans, cette autre après mille ans, et ainsi de suite... Sur la terre même, nous sommes dans l'infini et dans l'éternité.

Les puissants télescopes construits en ces dernières années ont pénétré les profondeurs de l'immensité assez loin pour découvrir les étoiles de la quinzième grandeur, dont le nombre ne peut être inférieur à cent millions! Les chiffres deviennent si énormes qu'ils nous écrasent de leur poids sans rien nous apprendre. Qu'est-ce que cent millions, qu'est-ce que mille millions d'ailleurs devant l'infini? Un grain de sable dans la mer.

Car nous sommes désormais *dans l'infini*. Suivons par la pensée la flèche de la lumière, prompte comme l'éclair, courant pendant cent mille ans à raison de 300 000 kilomètres par chaque seconde... quel chemin a-t-elle parcouru dans l'infini!... Zéro.

Notre système solaire est perdu depuis longtemps. Nous sommes dans les étoiles. Lançons-nous vers n'importe quel point de l'espace avec cette même vitesse de la lumière, et, sans nous arrêter un seul instant, traversons tous ces royaumes étoilés, tous ces domaines de l'espace, tous ces systèmes multicolores. Soleils, mondes, comètes, astres merveilleux filent sous nos pas et nous voguons toujours... toujours... Après un siècle, après dix siècles, après cent siècles, après un milliard de siècles de ce vol fantastique rapide comme l'éclair et toujours prolongé, si enfin nous voulons nous reconnaître, savoir où nous sommes, chercher du regard les bornes de cet horizon qui fuit toujours, nous arrêter pour mesurer p r la pensée le chemin parcouru... éblouis par tant de splendeurs, terrifiés par la puissance insondable de l'infini, nous serons à la fois émerveillés et déçus, stupéfaits, mais découragés de voir qu'en réalité nous ne nous sommes pas avancés d'un pas, *d'un seul pas*, dans l'espace!... Nous ne sommes encore qu'au vestibule de l'infini,... exactement comme nous y étions à notre point de départ!

L'espace est sans bornes. Quelle que soit la frontière que nous lui supposions par la pensée, immédiatement notre imagination s'envole jusqu'à cette frontière, et, regardant au delà, y trouve encore de l'espace. Et quoique nous ne puissions pas comprendre l'infini, toutefois chacun de nous sent qu'il lui est plus facile de concevoir l'espace illimité que de le concevoir limité, et qu'il est impossible que l'espace n'existe pas *partout*. La conception de l'immensité des cieux nous impose le sentiment de l'infini.

Combien de telles contemplations n'agrandissent-elles pas, ne transfigurent-elles pas les idées habituelles que l'on se forme en général sur le monde? La connaissance de ces vérités sublimes ne devrait-elle pas être la première base de toute instruction qui a l'ambition d'être sérieuse? N'est-il pas étrange de voir l'immense majorité des humains vivre et mourir sans se douter de ces grandeurs, sans songer à se rendre compte de la magnifique réalité qui les entoure?

Pour nous, du moins, conservons précieusement dans nos âmes le dépôt de ces vérités acquises par le labeur intellectuel de tant de siècles; comprenons comme elle le mérite la splendeur de la nature; et vivons toujours, par la pureté de nos sentiments, dans ces sphères élevées d'où l'on domine avec bonheur les tracas et les vulgarités de la vie matérielle.

FIN.

TABLE DES MATIÈRES

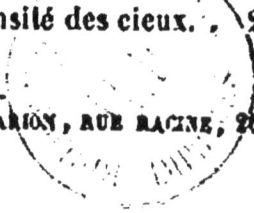

PARIS. — IMPRIMERIE C. MARPON ET E. FLAMMARION, RUE RACINE, 26.

AVIS DE L'ÉDITEUR

Le but de la collection des *Auteurs célèbres*, à 60 *centimes* le volume, est de mettre entre toutes les mains de bonnes éditions des meilleurs écrivains modernes et contemporains.

Sous un format commode et pouvant en même temps tenir une belle place dans toute bibliothèque, il paraît chaque quinzaine un volume.

CHAQUE OUVRAGE EST COMPLET EN UN VOLUME

En jolie reliure spéciale à la collection, 1 fr. le v

(ENVOI FRANCO CONTRE MANDAT OU TIMBRE

PARIS. — IMPRIMERIE E. FLAMMARION, RUE RACINE.

www.ingramcontent.com/pod-product-compliance
Lightning Source LLC
Chambersburg PA
CBHW070302200326
41518CB00010B/1864